国防科技图书出版基金

"十三五"国家重点出版物出版规划项目

智能机器人技术丛书

机器人触觉感知的原理与方法

Principles and Methods of Robotic Tactile Perception

孙富春 刘华平 方 斌 著

国防工业出版社

·北京·

图书在版编目(CIP)数据

机器人触觉感知的原理与方法/孙富春,刘华平,方斌著. —北京:国防工业出版社,2024.6. —(智能机器人技术丛书/韩力群,黄心汉主编). —ISBN 978 – 7 – 118 – 12471 – 2

Ⅰ. TP242.6

中国国家版本馆 CIP 数据核字第 2024H66C49 号

※

国防工业出版社出版发行
(北京市海淀区紫竹院南路 23 号　邮政编码 100048)
雅迪云印(天津)科技有限公司印刷
新华书店经售

*

开本 710×1000　1/16　插页 4　印张 12　字数 198 千字
2024 年 6 月第 1 版第 1 次印刷　印数 1—2000 册　定价 128.00 元

(本书如有印装错误,我社负责调换)

国防书店:(010)88540777　　书店传真:(010)88540776
发行业务:(010)88540717　　发行传真:(010)88540762

致 读 者

本书由中央军委装备发展部**国防科技图书出版基金**资助出版。

为了促进国防科技和武器装备发展,加强社会主义物质文明和精神文明建设,培养优秀科技人才,确保国防科技优秀图书的出版,原国防科工委于1988年初决定每年拨出专款,设立国防科技图书出版基金,成立评审委员会,扶持、审定出版国防科技优秀图书。这是一项具有深远意义的创举。

国防科技图书出版基金资助的对象是:

1. 在国防科学技术领域中,学术水平高,内容有创见,在学科上居领先地位的基础科学理论图书;在工程技术理论方面有突破的应用科学专著。

2. 学术思想新颖,内容具体、实用,对国防科技和武器装备发展具有较大推动作用的专著;密切结合国防现代化和武器装备现代化需要的高新技术内容的专著。

3. 有重要发展前景和有重大开拓使用价值,密切结合国防现代化和武器装备现代化需要的新工艺、新材料内容的专著。

4. 填补目前我国科技领域空白并具有军事应用前景的薄弱学科和边缘学科的科技图书。

国防科技图书出版基金评审委员会在中央军委装备发展部的领导下开展工作,负责掌握出版基金的使用方向,评审受理的图书选题,决定资助的图书选题和资助金额,以及决定中断或取消资助等。经评审给予资助的图书,由国防工业出版社出版发行。

国防科技和武器装备发展已经取得了举世瞩目的成就,国防科技图书承担着记载和弘扬这些成就、积累和传播科技知识的使命。开展好评审工作,使有限的基金发挥出巨大的效能,需要不断摸索、认真总结和及时改进,更需要国防科技和武器装备建设战线广大科技工作者、专家、教授,以及社会各界朋友的热情支持。

让我们携起手来,为祖国昌盛、科技腾飞、出版繁荣而共同奋斗!

国防科技图书出版基金
评审委员会

国防科技图书出版基金
2018 年度评审委员会组成人员

主 任 委 员　吴有生

副主任委员　郝　刚

秘 书 长　郝　刚

副 秘 书 长　许西安　谢晓阳

委　　　员　(按姓氏笔画排序)

　　　　　才鸿年　王清贤　王群书　甘茂治
　　　　　甘晓华　邢海鹰　巩水利　刘泽金
　　　　　孙秀冬　芮筱亭　杨　伟　杨德森
　　　　　肖志力　吴宏鑫　初军田　张良培
　　　　　张信威　陆　军　陈良惠　房建成
　　　　　赵万生　赵凤起　唐志共　陶西平
　　　　　韩祖南　傅惠民　魏光辉　魏炳波

丛书编委会

主　任　李德毅
副主任　韩力群　黄心汉
委　员（按姓氏笔画排序）
　　　　　马宏绪　王　敏　王田苗　王京涛　王耀南
　　　　　付宜利　刘　宏　刘云辉　刘成良　刘景泰
　　　　　孙立宁　孙富春　李贻斌　张　毅　陈卫东
　　　　　陈　洁　赵　杰　贺汉根　徐　辉　黄　强
　　　　　葛运建　葛树志　韩建达　谭　民　熊　蓉

丛 书 序

人类走过了农耕社会、工业社会、信息社会,已经进入智能社会,进入在动力工具基础上发展智能工具的新阶段。在农耕社会和工业社会,人类的生产主要基于物质和能量的动力工具,并得到了极大的发展。今天,劳动工具转向了基于数据、信息、知识、价值和智能的智力工具,人口红利、劳动力红利不那么灵了,智能的红利来了!

智能机器人作为人工智能技术的综合载体,是智力工具的典型代表,是人工智能技术得以施展其强大威力的最佳用武之地。智能机器人有三个基本要素:感知、认知和行动。这三个要素正是目前的机器人向智能机器人进化的关键所在。

智能机器人涉及大量的人工智能技术:传感技术、模式识别、自然语言理解、机器学习、数据挖掘与知识发现、交互认知、记忆认知、知识工程、人工心理与人工情感……可以预见,这些技术的应用,将提升机器人的感知能力、自主决策能力,以及通过学习获取知识的能力,尤其是通过自学习提升智能的能力。智能机器人将不再是冷冰冰的钢铁侠,它们将善解人意、情感丰富、个性鲜明、行为举止得体。我们期待,随同"智能机器人技术丛书"的出版,更多的人将投入到智能机器人的研发、制造、运用、普及和发展中来!

在我们这个星球上,智能机器人给人类带来的影响将远远超过计算机和互联网在过去几十年间给世界带来的改变。人类的发展史,就是人类学会运用工具、制造工具和发明机器的历史,机器使人类变得更强大。科技从不停步,人类永不满足。今天,人类正在发明越来越多的机器人,智能手机可以成为你的忠实助手,轮式机器人也会比一般人开车开得更好,曾经的很多工作岗位将会被智能机器人替代,但同时又自然会涌现出更新的工作,人类将更加优雅、智慧地生活!

人类智能始终善于更好地调教和帮助机器人和人工智能,善于利用机器人和人工智能的优势并弥补机器人和人工智能的不足,或者用新的机器人淘汰旧的机器人;反过来,机器人也一定会让人类自身更智能。

现在,各式各样人机协同的机器人,为我们迎来了人与机器人共舞的新时代,伴随优雅的舞曲,毋庸置疑人类始终是领舞者!

李德毅　　2019.4

李德毅,中国工程院院士,中国人工智能学会理事长。

前　　言

触觉是接触、滑动、压觉等机械刺激的总称,分为皮肤触觉和运动触觉。皮肤触觉接受来自皮肤受体的感觉输入;运动触觉是指肌、腱、关节等运动器官本身在不同状态(运动或静止)时产生的感觉。一般意义上的触觉是指皮肤触觉。触觉是用于获取环境信息的一种重要知觉形式,也是与环境直接作用的接触感知。与视觉、听觉等不同,触觉模态在包括表面纹理、材质、硬度、滑觉、冷热觉等多种性质特征上表现出更强的敏感能力。触觉传感装置的研究可以追溯到20世纪70年代,面向工业应用研究力传感、角度传感等内状态;80年代,基于压敏电阻等原理的触觉传感器得到发展,电子皮肤概念逐渐形成并在抓取操作和物体感知中得到应用;随后,在90年代,面向人机安全协作的大规模多阵列触觉传感器和触觉信息的处理研究得到重视;21世纪以来,一方面基于微视觉和仿生的触觉传感器得到发展,新材料和新工艺开始应用于新一代触觉传感器的研制,同时触觉传感器向产品级和高端发展。当前,触觉感知已开始应用于机器人、工业自动化、医疗、人机交互等领域,针对触觉感知的研究工作已成为机器人领域的新兴热点。

然而,触觉感知的性能与触觉传感器的测量原理,操作物体的构型、形状以及后端信息处理的方法密切相关。由于触觉感知应用场景的复杂性,操作任务对触觉感知特征量、精度、测量力大小有很高的要求,这导致机器人触觉感知存在诸多挑战。根据《科技日报》的报道,"触觉传感器"依然是我国亟待攻克的"卡脖子"关键技术。

当前,国内已有多个单位开展触觉感知的研究,但仍缺少系统介绍触觉感知基础与前沿技术的中文书籍。为此,本书作者结合自身多年的科研、教学与实践,从传感、感知与操作验证3个不同纬度全面展现了机器人触觉的主要内容。

在触觉传感方面,本书在综合介绍各种不同触觉传感原理基础上,分析了不同传感器的性能优劣,进而详细介绍了一种新型电容式柔性触觉传感器的设计流程、制备方法和测试结果。该柔性触觉传感器采用了弹性微针结构,在灵敏度、检测范围等方面均有较为良好的表现,并且还模拟真实人手感知过程,为机器人提供了高密度和高灵敏的触觉信息。

在触觉感知方面，本书在系统分析触觉感知与视－触觉融合感知的研究现状与发展趋势基础上，将触觉感知问题归结为模式识别问题，从而建立了利用机器学习方法来实现触觉目标识别和视－触觉目标识别的新视角，并具体介绍了触觉信号距离测度、最近邻分类方法、超限学习方法以及深度学习方法等。

最后，在操作验证方面，围绕典型的应用场景，如滑觉检测、灵巧抓取操作等，具体介绍了触觉信息的独特作用。建立了基于触觉与视觉信息的机器人自主抓取数据集，可用于综合验证稳定抓取预测方法。通过这些例子，进一步印证了触觉信息对于提升机器人自主抓取操作的成功率具有极其重要的作用。

全书内容具体安排如下。

第1章：概述。系统地分析触觉感知的研究现状及当前的研究热点，为读者快速掌握这一领域的研究进展提供参考。

第2章：电容式阵列触觉传感器。在综合分析多种不同的触觉感知原理基础上，详细地介绍电容式触觉传感器的设计方法，为对触觉传感器感兴趣的读者提供详细的技术实现途径。

第3章：触觉目标识别。系统地将触觉目标识别问题描述为模式识别问题，在此基础上综合介绍多种不同模式识别方法在触觉目标识别问题的应用。

第4章：触觉感知的深度学习方法。结合深度学习技术的前沿发展，系统地介绍利用卷积神经网络实现触觉感知的关键技术。

第5章：视－触觉融合目标识别。深入分析视－触觉融合技术的意义、挑战性问题，在此基础上结合机器学习的前沿进展介绍有效的视－触觉融合处理方法。

第6章：滑觉检测。介绍利用触觉感知技术实现滑动检测的实际应用案例。

第7章：机器人视－触觉融合抓取操作。介绍利用视－触觉融合感知技术实现机械臂操作与抓取的实际应用案例。

第8章：基于视－触模态的抓取稳定预测。介绍利用深度学习将视觉与触觉特征融合表征机器手抓取稳定状态，从而完成机器人稳定精细操作。

第9章：基于视－触原理的多模态传感器。介绍了一种新型触觉传感器可感知同一时间、空间状态下的物体纹理、温度及三维力信息，利用机器人操作实验验证了该多模态触觉传感器的性能及优势。

多年来，作者研究组在机器人触觉研究工作中获得了多项研究基金与计划资助，包括科技创新2030—"新一代人工智能"重大项目、国家自然科学基金等。作者对给予这些研究基金和研究计划支持与资助的科技部、国家自然科学基金委员会等有关部门表示感谢。

机器人触觉内容广泛，涉及诸多学科领域。由于作者水平有限，经验不足，书中不妥之处在所难免，敬请广大读者、同行与专家批评指正。

目 录

第1章 概 述

1.1 触觉感知 ·· 1
   1.1.1 形状的触觉识别 ··· 3
   1.1.2 纹理材质的触觉识别 ··· 3
   1.1.3 形变的触觉识别 ··· 4
   1.1.4 探测动作 ·· 6
1.2 视–触觉融合感知 ··· 7
   1.2.1 视–触觉融合感知算法 ·· 7
   1.2.2 视–触觉一体化融合感知 ··· 10
1.3 数据集 ·· 12
   1.3.1 触觉数据集 ·· 12
   1.3.2 视–触觉融合数据集 ·· 12
1.4 未来展望 ··· 13

第2章 电容式阵列触觉传感器

2.1 电容式触觉传感器原理 ··· 15
2.2 触觉传感器的设计 ··· 18
2.3 触觉传感器的加工与制备 ··· 20
2.4 触觉传感器静态测试 ·· 21
   2.4.1 力学测试结果 ··· 21
   2.4.2 电学特性测试结果 ·· 22

第3章 触觉目标识别

3.1 触觉目标识别的基本原理 ··· 25
3.2 触觉信息的动态时间规整距离表示 ··· 28
3.3 基于最近邻的触觉目标识别 ·· 30

3.3.1　Martin-KNN 分类算法 ·· 31
　　3.3.2　DTW-KNN 分类算法 ·· 33
3.4　系统包 ··· 35
　　3.4.1　超限学习机 ··· 37
　　3.4.2　数据集 ·· 40
　　3.4.3　实验结果 ··· 41

第4章　触觉感知的深度学习方法

4.1　随机离散卷积神经网络 ··· 43
　　4.1.1　卷积权重离散共享 ·· 44
　　4.1.2　卷积权重正交随机初始化 ··· 45
　　4.1.3　RTCN 的输入频率选择性分析 ······································ 45
4.2　触觉流 ··· 46
4.3　三分支卷积网络 ·· 47
　　4.3.1　空间特征提取分支：触觉单帧 ······································ 47
　　4.3.2　时间特征提取分支：触觉流+帧间差分 ···························· 49
　　4.3.3　层级化特征融合 ··· 49
4.4　实验验证与分析 ·· 51
　　4.4.1　实验基准数据集 ··· 51
　　4.4.2　实验配置与参数设定 ·· 53
　　4.4.3　RTCN 输入不变性分析 ··· 53
　　4.4.4　时间与空间特征鉴别力分析 ·· 55
　　4.4.5　与同类先进方法比较 ·· 57

第5章　视-触觉融合目标识别

5.1　触觉信息与视觉信息融合的目标识别 ······································ 60
5.2　图像信息表达 ·· 62
5.3　视-触觉融合算法 ·· 63
5.4　实验及结果分析 ·· 64
　　5.4.1　数据采集 ·· 64
　　5.4.2　实验结果 ·· 67

第6章　滑觉检测

6.1　滑觉检测概述 ·· 72

6.2 基于Haar小波的滑觉检测方法 ……………………………………… 75
　6.2.1 点覆盖滑觉检测算法 ………………………………………… 76
　6.2.2 面覆盖滑觉检测算法 ………………………………………… 79
6.3 基于机器学习的滑觉检测方法 …………………………………… 83
　6.3.1 滑动数据集 …………………………………………………… 83
　6.3.2 滑觉检测方法 ………………………………………………… 86

第7章　机器人视–触觉融合抓取操作

7.1 问题描述 …………………………………………………………… 96
7.2 抓取检测深度网络 ………………………………………………… 97
　7.2.1 抓取参考矩形框 ……………………………………………… 97
　7.2.2 不考虑旋转的抓取检测深度网络结构 ……………………… 98
　7.2.3 考虑旋转的抓取检测深度网络结构 ………………………… 100
7.3 机器人抓取数据集 ………………………………………………… 102
　7.3.1 Cornell抓取数据集 …………………………………………… 103
　7.3.2 CMU抓取数据集 ……………………………………………… 103
　7.3.3 THU抓取数据集 ……………………………………………… 104
7.4 抓取操作实验的验证 ……………………………………………… 108
　7.4.1 不考虑旋转的抓取检测深度网络(CMU抓取数据集) …… 109
　7.4.2 考虑旋转的抓取检测深度网络(Cornell抓取数据集) …… 112
　7.4.3 考虑旋转的抓取检测深度网络(THU抓取数据集) ……… 114

第8章　基于视–触模态的抓取稳定预测

8.1 视–触多模态数据采集系统 ……………………………………… 117
8.2 抓取稳定预测 ……………………………………………………… 121
　8.2.1 数据预处理 …………………………………………………… 121
　8.2.2 基于视觉的抓取稳定预测网络 ……………………………… 123
　8.2.3 基于视–触觉融合的抓取稳定预测网络 …………………… 123
8.3 实验验证 …………………………………………………………… 124

第9章　基于视–触原理的多模态传感器

9.1 多模态传感器的研制 ……………………………………………… 127
　9.1.1 多模态触觉传感器的工作原理 ……………………………… 127
　9.1.2 光学系统设计 ………………………………………………… 128

		9.1.3 弹性体的制备实验与分析	129
		9.1.4 附着层的制备实验与分析	129
		9.1.5 装置结构设计与加工	136

9.2 多模态信息及数据集 137
  9.2.1 纹理信息及数据集 137
  9.2.2 温度信息及数据集 141
  9.2.3 三维力信息 142
9.3 多模态触觉感知算法 143
  9.3.1 纹理感知算法 143
  9.3.2 温度感知算法 147
  9.3.3 三维力感知算法 149
9.4 机器人多模态感知的操作验证 154
  9.4.1 机器人精细装配操作实验 154
  9.4.2 多模态信息感知操作 158

参考文献 164

Contents

Chapter 1 Overview

1.1 Tactile perception ... 1
   1.1.1 Tactile recognition of shapes ... 3
   1.1.2 Tactile recognition of textured materials ... 3
   1.1.3 Tactile recognition of deformation ... 4
   1.1.4 Detection of movement ... 6
1.2 Visual – tactile fusion perception ... 7
   1.2.1 Algorithms of visual – tactile fusion perception ... 7
   1.2.2 Integrated visual – tactile fusion perception ... 10
1.3 Data set ... 12
   1.3.1 Tactile data set ... 12
   1.3.2 Visual – tactile fusion data set ... 12
1.4 Future outlook ... 13

Chapter 2 Capacitive Array Haptic Sensors

2.1 Principles of capacitive tactile sensor ... 15
2.2 Design of tactile sensor ... 18
2.3 Processing and preparation of tactile sensor ... 20
2.4 Static test of tactile sensor ... 21
   2.4.1 Mechanical test results ... 21
   2.4.2 Electrical characteristics test results ... 22

Chapter 3 Tactile Target Recognition

3.1 Basic principle of tactile target recognition ... 25
3.2 Dynamic time – regularised distance representation of tactile information ... 28
3.3 Nearest neighbour based tactile target recognition ... 30
   3.3.1 Martin – KNN classification algorithm ... 31
   3.3.2 DTW – KNN classification algorithm ... 33
3.4 System package ... 35
   3.4.1 Over – limit learning machine ... 37
   3.4.2 Data set ... 40
   3.4.3 Experimental results ... 41

Chapter 4 Deep Learning Methods of Tactile Perception

4.1 Stochastic discrete convolutional neural networks ... 43
   4.1.1 Discrete sharing of convolutional weights ... 44
   4.1.2 Convolutional weights orthogonal random initialisation ... 45
   4.1.3 Input frequency selectivity analysis of RTCN ... 45
4.2 Tactile flow ... 46
4.3 Three – branch convolutional networks ... 47
   4.3.1 Spatial feature extraction branch: tactile single frame ... 47
   4.3.2 Temporal feature extraction branch: tactile stream + inter – frame differencing ... 49
   4.3.3 Hierarchical feature fusion ... 49
4.4 Experimental validation and analysis ... 51
   4.4.1 Experimental benchmark data set ... 51
   4.4.2 Experimental configuration and parameter setting ... 53
   4.4.3 RTCN input invariance analysis ... 53

4.4.4　Analysis of temporal and spatial feature discrimination ············ 55

4.4.5　Comparison with similar state – of – the – art methods ············ 57

Chapter 5　Visual – Tactile Fusion Target Recognition

5.1　Target recognition with tactile and visual

information fusion ·· 60

5.2　Image information representation ·························· 62

5.3　Visual – tactile fusion algorithm ··························· 63

5.4　Experiment and result analysis ······························ 64

4.1　Data acquisition ··· 64

5.4.2　Experimental results ····································· 67

Chapter 6　Slip Sense Detection

6.1　Overview of sliding sensory detection ···················· 72

6.2　Slippery sensation detection method based on Haar wavelet ······ 75

6.2.1　Point coverage slippery perception detection algorithm ············ 76

6.2.2　Face coverage slippery perception detection algorithm ············ 79

6.3　Machine learning based slippery sense detection methods ······ 83

6.3.1　Sliding data set ··· 83

6.3.2　Slip sense detection methods ······························ 86

Chapter 7　Robotic Visual – Haptic Fusion Grasping Operations

7.1　Problem description ·· 96

7.2　Grasp detection deep network ································ 97

7.2.1　Grasping the reference rectangular frame ···················· 97

7.2.2　Structure of the grasp detection depth network without

considering rotation ···································· 98

7.2.3　Grasp detection depth network structure with

XVII

	rotation considered	100
7.3	Robot grasping data set	102
7.3.1	Cornell grasp data set	103
7.3.2	CMU grasping data set	103
7.3.3	THU grasping data set	104
7.4	Validation of experiments on grasping operation	108
7.4.1	Deep network(CMU grasping data set) for grabbing detection without considering rotation	109
7.4.2	Deep network for grasping detection considering rotation(cornell grasping data set)	112
7.4.3	Grasp detection deep network with rotation considered(THU grasp data set)	114

Chapter 8 Grasping Stability Prediction Based on Visual – Tactile Modalities

8.1	Visual – tactile multimodal data grasping system	117
8.2	Grasp stability prediction	121
8.2.1	Data preprocessing	121
8.2.2	Vision – based grasping stability prediction network	123
8.2.3	Grasp stability prediction network based on vision – touch fusion	123
8.3	Experimental validation	124

Chapter 9 Multimodal Sensors Based on the Vision – Touch Principle

9.1	Development of multi – modal sensor	127
9.1.1	The working principle of multi – modal tactile sensor	127
9.1.2	Optical system design	128
9.1.3	Experiments and analysis of elastomer preparation	129

9.1.4	Preparation experiment and analysis of attachment layer	129
9.1.5	Device structure design and processing	136

9.2 Multi-modal information and data sets ········· 137

9.2.1	Texture information and data sets	137
9.2.2	Temperature information and data set	141
9.2.3	Three-dimensional force information	142

9.3 Multi-modal tactile sensing algorithm ········· 143

9.3.1	Texture perception algorithm	143
9.3.2	Temperature perception algorithm	147
9.3.3	3D force perception algorithm	149

9.4 Operational validation of robotic multi-modal perception ······ 154

9.4.1	Robot fine assembly operation experiment	154
9.4.2	Multi-modal information perception operation	158

References ········· 164

第1章 概　　述

1.1 触觉感知

当前,机器人大多都配备了视觉传感器,但在实际操作应用中常规的视觉感知技术会受到光照、遮挡等限制。此外,物体的很多内在属性,如"软""硬"等,则难以通过视觉传感器感知获取。对机器人而言,触觉也是获取环境信息的一种重要感知方式,触觉传感器可直接测量接触对象和环境的多种性质特征。同时,触觉也是人类感知外部环境的一种基本模态。皮肤表面散布着触点,触点的大小不尽相同,分布不规则,手指和腹部最多,其次是头部,背部和小腿最少,所以手指、腹部的触觉最灵敏,而小腿和背部的触觉则比较迟钝。若用纤细的毛轻触皮肤表面,只有当某些特殊的点被触及时,才能引起触觉。早在20世纪80年代,就有神经科学领域的学者在实验中麻醉志愿者的皮肤,以验证触觉感知在稳定抓取操作过程中的重要性。因此,为机器人引入触觉感知模块,不仅能在一定程度上模拟人类触觉的感知与认知机制,又能满足机器人实际操作应用的需求。

随着现代传感、控制和人工智能技术的发展,科研人员对触觉传感器、基于触觉信息的操作物体的分类与识别以及抓取操作稳定性的分析等开展了广泛的研究。*IEEE Transactions on Haptics* 期刊自2008年正式创刊以来,目前已经成为了国际知名期刊。*IEEE Transactions on Robotics* 还出版了主题为"Robotic Sense of Touch"的专辑(2011年第3期)。机器人领域的知名国际会议ICRA(The International Conference on Robotics and Automation)和IROS(IEEE/RSJ International Conference on Intelligent Robots and Systems)近年来也设立多个与触觉感知相关的专题研讨。2020年,*IEEE Transactions on Robotics* 期刊发表的触觉综述性文章(Li Q,et al,2020),对触觉传感器的研究现状与进展进行了详细回顾,指出触觉传感器对于灵巧手精细操作的重大意义,并展望触觉传感器应用于机器人操作的广阔前景。广义地说,触觉包括接触觉、压觉、力觉、滑觉、冷热觉等与接触有关的感觉;狭义地说,它是机械手与对象接触面上的力感觉。一般来说,机器人触觉传感器主要有检测和识别功能,其中检测功能包括对操作对象的状态、机械手与操作对象的接触状态、操作对象的物理性质进行检测；识别功能是在检测的基础上提取操作对象的形状、大小、刚度、纹理、温度等特征，以进行分类和物体识别。

触觉传感器是在操作过程中测量触觉信息的装置。按照实现原理，触觉传感器可以分为压阻式、电容式、压电式、量子隧道效应、光学、气压式、结构声，以及多种模态集成的触觉传感器。文献（Kappassov Z，et al，2015a）详细比较了28类不同触觉传感器的优缺点。文献（Denei S，et al，2015a）研制包含电容式触觉阵列、音频测量和接近觉测量等在内的多模态传感器用于识别织物类型。商用触觉传感器在机器人领域开始发挥重要作用，比较有代表性的触觉传感器包括BioTac（http：//www. syntouchllc. com/Products/BioTac/）、PPS（http：//www. pressureprofile. com/）、Weiss（http：//www. weiss‐robotics. de/en. html）、Tekscan（http：//www. tekscan. com/）等。近年来，国内在机器人触觉传感技术研究方面取得了长足的发展，一些高校和研究机构也开展触觉传感器的研制工作，代表性的工作包括东南大学（宋爱国，2020）、北京航空航天大学（郭园，等，2020）、吉林大学（宋瑞，等，2019）、浙江大学（顾春欣，2019）、中国科学院心理研究所（於文苑，等，2019）、中国科学院北京纳米能源与系统研究所（Liu Y，et al，2020a）、南京大学（张景，等，2020）、清华大学（孙富春，等，2019）等。

触觉感知技术在机器人操作中得到广泛应用。文献（Bekiroglu Y，et al，2011a）通过使用三指灵巧手对不同形状的物体进行抓取，并使用隐马尔可夫模型来对触觉信息进行建模，在此基础上判断抓取操作的稳定性。此外，触觉感知技术还被应用于滑动检测、物体的定位、触觉伺服、三维建模等。

物体识别是机器人环境感知的重要内容，如何利用触觉信息实现物体识别引起研究学者的广泛关注，也成为触觉感知研究的一个重要方向。尽管目前的研究工作已有很多，但大都比较分散，缺乏统一的理论框架。由于触觉传感器的数据采集原理千差万别，在触觉信息采集过程中不同的抓取动作也会影响采集数据的特性等原因，目前尚没有统一的方法对这些研究工作进行整理和归类。文献（Kappassov Z，et al，2015a）将当前触觉物体识别的研究工作分为触觉物体辨识、纹理识别和接触模式识别这三大类，其中"触觉物体辨识"重点考虑的是利用包含接触力觉、温度等在内的多种信息来实现对物体的识别。"接触模式识别"类别按照物体的特性进一步细分为两类，而"触觉物体辨识"中的方法也按照所处理的物体类别归入这两类。因此，将用于触觉物体识别的方法也重新划分为刚性物体、纹理材质和可变形物体三类。这三类的典型例子为金属工件、布料和橘子。其中对"刚性物体"的识别主要利用形状信息；对"纹理材质"的识别所用的物体一般具有标准的规则形状，而重点考虑其表面特性；对"可变形物体"的识别一般利用其形变特性。

1.1.1 形状的触觉识别

通常情况下,视觉在物体形状检测方面有优势,但在光照条件差以及视野达不到的场景中,触觉对轮廓型比较强的物体更有优势。目前,已有较多的研究利用触觉信号对刚性物体的形状进行分类。例如,文献(Allen P,et al,1989a)利用触觉点云数据拟合超二次曲面模型,实现触觉形状识别;文献(Russell R A,et al,2003a)通过在移动机器人上安装8个触须型触觉传感器,实现物体探测和抓取。在移动过程中,触须型触觉传感器对物体外形进行扫描和即时记录,按照内部设定的程序进行物体识别、抓取和移动。对触觉信息进行分析处理后,使用最小二乘拟合方法和圆拟合算法对所抓取的物体进行识别和分类;文献(Jin M,et al,2012a)提出触觉稀疏点云的高斯过程分类方法;文献(Liu H,et al,2012a)通过提取触觉阵列信号的协方差矩阵来刻画物体的局部形状。通过一次抓取,触觉传感器只能感知接触部分的形状,只适用于处理简单形状的物体。

触觉阵列信号可以视作低分辨率的灰度图像,可以借鉴图像处理和计算机视觉技术进行特征提取和分类。文献(Schneider A,et al,2009a)指出,触觉传感器只能感知物体的有限部位,提出通过多次抓取获得其不同部位的形状信息,进而利用触觉图像数据构建物体的 Bag-of-Words(BoW)特征。基于这一特征,利用朴素贝叶斯方法进行分类;直接利用触觉图像数据会引入很多噪声,文献(Pezzementi Z,et al,2011a)借鉴图像处理领域的 Scale-invariant feature transform(SIFT)特征来处理触觉图像,并放宽物体位姿的限制条件;文献(Ho V,et al,2012a)将这类方法推广到滑动检测。在机械手与物体的接触过程中,物体的位置和姿态可能发生运动,直接套用图像处理领域的特征提取方法存在一些问题;文献(Luo S,et al,2015a)提出适合于触觉图像处理的 Tactile-SIFT 描述子,并利用这类新的描述子构建 BoW 特征。这些物体通常具有显著的形状特征,有些甚至是专门为验证算法设计的物体模型。由于视觉传感器被广泛应用于物体的形状识别,因此如何结合具体应用场景体现触觉识别的优势值得深入研究。

1.1.2 纹理材质的触觉识别

纹理是物体表面微观结构分布特征的体现。当人手与纹理表面接触时,会感觉到凹凸不平的触感及纹理触觉。依据探知表面纹理特性,可以获得材质的分类。触觉传感器能够感知很多视觉传感器难以感知,甚至无法感知的材质信息。依靠探知表面纹理特性来获得材质的分类,一般需要通过刮擦、滑动、磨蹭等操作获得振动信号,需要考虑时间序列的特性。最直观的解决途径是利用信号处理的方法。例如,文献(Sinapov J,et al,2011a)利用5种刮擦动作识别20种表面纹理；文献（Heyneman B, et al, 2012a）识别 8 种纹理碟片；文献（Romano J M, et al, 2014a）识别 15 种表面材质；文献（Jamali N, et al, 2011a）模拟人类的行为，通过多次接触，采用投票方式识别 8 类表面纹理。这些工作都采用离散傅里叶变换等频域工具提取特征。文献（Strese M, et al, 2014a）指出触觉信号与语音信号的相似性，并借鉴语音处理中常用的梅尔频率倒谱系数等来提取特征。目前常用的分类方法包括最近邻、支持向量机（Support Vector Machine, SVM）和高斯过程等。这些工作的一个主要特点就是被识别物体通常具有类似的或者规则的形状。

除频域特征，文献（Dallaire P, et al, 2014a）直接利用触觉时间序列的斜率、峰度等时域特征建立基于非参数化贝叶斯方法的感知模型，共可识别 28 个不同材质的碟片。文献（Chathuranga D S, et al, 2015a）由磁通量获得三维触觉测量，利用这些测量值的协方差矩阵的范数作为特征，用支持向量机对 8 种纹理材质进行分类。文献（陶镛汀，等，2015a）选用 4 个压电薄膜传感器元件和 4 个电阻应变片作为敏感元件，完成一种用于触觉信息检测的仿人型触觉传感器的制作。文献（吴涓，等，2013a）提出一种基于实际压力测量值的纹理力计算模型，并利用力反馈装置实现纹理力触觉表达的方法。文献（Chu V, et al, 2014a）面向纹理材质学习 25 个触觉形容词。

纹理材质一般属于物体的表面特性，通过视觉传感器虽也能感知，但触觉传感器可以获得更精细的纹理特性，同时，可以综合利用振动、滑擦等方式获得关于纹理材质的一些特殊性质，形成对视觉传感器的有益补充。不过，当前对应纹理材质的识别大都局限于简单的物体形态。对于复杂形态的物体，如何设计合理的接触动作并利用触觉信息对其进行分析，相关的研究工作还很少。

1.1.3 形变的触觉识别

与形状识别和纹理材质识别相比，一方面，形变的识别同时强调物体的表面特性与内部状态，而这些内部状态往往是无法用普通的视觉传感器获取。相比之下，形状与纹理在一定程度上可以由光学摄像机感知。另一方面，形变通常是由物体形状、表面材质和物体内部状态等因素共同决定，其形变过程需要用多变量时间序列刻画，因此对物体的识别也带来了很大的挑战。由于物体的形变特性非常复杂，一般很难用统一的模型对形变机理进行描述，大多使用机器学习方法对形变特性进行识别。

文献（Chitta S, et al, 2011a）利用安装在机械手夹持器上的多阵列触觉传感器，测量移动机械臂抓取物体时的触觉信息，并提出一种通用触觉特征提取方法——针对空瓶、满瓶设计分类算法，能够识别物体的类别和估计内部状态。文献（Soh H, et al, 2014a）针对 5 指 iCub 灵巧手抓取过程提出一种增量式物体识别学习方法,利用触觉序列对包括装有不同数量液体的塑料瓶与易拉罐、软玩具、硬皮书等进行识别。文献(Drimus A,et al,2014a)描述了自主研制 8×8 规格排列的 64 个测量点触觉传感模块。作者分别将其安装在 Schunk 2 指与 Schunk 3 指灵巧手手指上,通过对多类物体进行抓取以构建触觉数据集,利用触觉时间序列的动态时间规整(Dynamic Time Warping,DTW)作为距离度量,最近邻分类算法用于对触觉序列进行处理,进而是实现物体识别。

以上研究大都采用 2 指、3 指和 5 指手爪。在触觉数据采集过程中,每个手指都可以获得触觉数据。现有工作多采用简单拼接或者计算统计量的方式组合不同手指的数据,侧重于分析"指尖",而并没有深入挖掘"指间"关系。近年来,稀疏编码与字典学习方法在信号处理、模式识别等领域获得很多成功的应用,引起研究人员的广泛关注。基于稀疏编码的分类器已成为处理图像、文本、视频等的重要分类方法,但采用触觉信息进行识别物体的工作还非常少见。由于触觉序列不满足线性重构假设,常规的线性稀疏编码无法适用。通过引入"核方法"构造的核稀疏编码为解决这一问题提供有效的手段。一方面,它不仅能显著降低重构误差,而且可以方便地处理非欧几里得(欧氏)空间上的触觉时间序列。另一方面,在实际应用中,研究的复杂信号往往隐含着稀疏性之外的一些潜在的结构信息,如何充分利用这些结构性信息提升识别性能引发了学术界对结构化稀疏编码的高度关注。

现有研究涉及的物体比较接近实际应用,如常用水果、容器(瓶、易拉罐)等作为实验物体,从操作模式上讲也比较多样。这些因素都使得物体的识别具有特殊的挑战性。文献(Madry M,et al,2014a)提出一种时空相关的非监督特征学习方法,该方法能够有效地利用触觉序列在时间和空间上的关联性信息,并在多个数据集上开展实验验证,得到较好的结果。

2014 年获得 IROS 最佳认知机器人奖的论文(Gemici M C,et al,2014a)考虑了食物的变形,并设计刀叉的动作来获取触觉表达,通过学习后可以成功识别包括香蕉等在内的 12 类食物。文献(Liarokapis M V,et al,2015a)采用 2 指欠驱动柔顺机械手简化抓取过程,并基于形状和刚度信息设计随机森林(Random Forest)分类器实现对目标的分类。文献(Xu D,et al,2013a)集成 BioTac 触觉传感器提供的力、振动和温度信号,可以综合处理纹理得到材质和形变。文献(Song A,et al,2014a)利用指尖光学触觉传感器 GelSight 测量正压力、平面内扭矩、倾斜扭矩、剪切力、滑移,并用于估计物体硬度和识别物体材质。

一方面,上述工作大都是利用指尖上的触觉传感器,在抓取过程中一般采取精细抓取(Precise Grasp)模式。另一方面,很多机械手的掌部也带有触觉传感器,一些学者利用强力抓取模式来获取触觉数据。例如,文献(Schmitz A,et al,

2014a)采用这种方式分别基于单层神经网络和深度学习技术实现对多类物体的识别。文献(Paulino T,et al,2017)制作一种三轴的触觉传感器,将其安装在Vizzy机器人的手指中,用于检测法向力和剪切力。文献(Funabashi S,et al,2018)提出将uSkin触觉传感器安装在Allegro机械手的手指上用于物体识别。文献(Wilson A,et al,2020a)指出,在机械手内侧集成多个GelSight光学触觉传感器可以提升抓取效率。文献(Pastor F,et al,2019a)将包含1400个触觉感知单元的高分辨率触觉阵列配置于机械手掌部,并与欠驱动手指协同作业。

1.1.4 探测动作

由于触觉本质上是依靠与操作物体接触和交互来实现数据获取,因此接触探测过程对数据的采集有很大影响。一般来说,形状的识别侧重接触和抓握,材质的识别侧重滑动,而形变的识别则侧重揉捏。但这些动作之间也存在交叉,目前并无明确的统一策略。按照实验心理学家的观点,人类一般需要6类常用动作来探测物体:①压,用于确定物体的柔软度;②横向滑动,用于确定物体的表面纹理;③静态接触,用于确定物体的温度或导热性;④包覆,用于确定物体的整体形状和体积等;⑤提举,用于确定物体的重量;⑥轮廓跟踪,用于确定物体的局部形状。在实际的机器人操作过程中,大都参照这些探测模式。现有文献中用于触觉数据采集的探测行为可以粗略地分为3种模式。

(1)被动模式。这种模式下,一般固定手爪位置,由操作员人为地将物体放在手爪的工作空间内,然后由手爪直接对物体实施捏、抓等探测动作。例如,文献(Chitta S,et al,2011a)在利用触觉传感器识别瓶子的内部状态时,直接将瓶子放在夹持器的两指之间,然后通过夹持动作来获取触觉数据。文献(Drimus A,et al,2014a)直接将物体放在夹持器两指之间,然后通过设计好的挤压等动作获取触觉数据。目前,对于纹理材质的识别一般也是事先固定物体,然后直接引导机械臂手爪或探针进行探测,因而把它归入"被动模式"。由于纹理材质特性比较丰富,所以针对这类情形有时会组合多种不同探测动作。例如,文献(Chu V,et al,2014a)使用5种探测方式组合识别物体。

(2)半主动模式。这种模式下,一般将物体放置在工作空间某位置,然后由机械臂携带末端手爪按照预设的轨迹逼近物体,并对物体实施捏、抓等探测动作。这种模式下,抓取过程是闭环的,抓取点可能并不确定,但探测动作仍然是离线设计好的。与被动模式还有一点不同之处:这种模式下,手爪自动抓取物体,在接触过程中物体可能发生移动,因而,对触觉数据可能会带来一定影响。例如,文献(Soh H,et al,2014a)设计的实验中,手爪的运动分为3步:①手爪的位置和方位固定,然后手指张开以产生预先定义的手形;②手爪移动按照预先定义的轨迹合拢直至接触物体或者轨迹规划已经完成;③手爪以相对更快的速度进一步挤压物体以获取触觉数据,直到某些终止条件符合后结束数据采集。

(3)主动模式。由机械臂末端执行器自动接触物体,并根据物体的性质实时地调整探测动作。这类模式有较大的挑战性,目前尚无统一的策略。文献(Schneider A,et al,2009a)利用决策论方法实现主动抓取策略,以提高识别性能。文献(Pezzementi Z,et al,2011a)结合物体表面轮廓开发触觉传感器的对齐方法。文献(Xu D,et al,2013a)利用贝叶斯推理设计探测过程。文献(Gemici M C,et al,2014a)提出了一种操作具有复杂物理特性食品物体的学习方法,探测动作具有不同的触觉信息采集能力,并探讨了根据操作经验提取信息的可能性。文献(Strese M,et al,2014a)针对纹理材质识别,提出了一种主从式人机共享探测方式,建立了包含43种纹理的触觉数据库。

总体而言,探测方式是触觉感知的关键环节,需要充分考虑末端执行器与接触表面纹理的相互作用已激发触觉模态信号,但这方面尚缺乏相关的理论基础。当前的研究工作主要还是基于人工经验来设计探测过程,主动探测模式的工作尚不成熟。

1.2 视-触觉融合感知

1.2.1 视-触觉融合感知算法

为实现精细操作,机器人通常需要配备多种传感器。如果各类传感器只对不同模态采用独立的应用方式感知周围的环境,就会割断信息之间的内在联系,从而难以实现对感知-动作映射关系的准确理解。为准确提供操作装置本身的状态,操作对象的位置、属性等信息,需要研究视、触觉等多模态信息融合的理论与方法,实现对操作物体的多角度感知与理解。视-触觉信息的融合感知问题目前已经引起机器人领域研究学者的高度重视。国际机器人领域知名学术会议Robotics(RSS)2015专门举办了名为视触觉交互学习的研讨会。

视觉和触觉模态之间存在很大的区别,它们所获取的物体信息格式、频率和范围不同。触觉模态获得物体的信息有一个过程,而视觉模态能够同时获得物体的多个显著特征的信息。此外,触觉模态通常只能感知机械手接触到的物体信息,但视觉模态能够同时获得视觉范围内大量的物体信息。物体的某些显著特征只能通过一种感知模态获得。例如,物体的颜色只能通过视觉来获得,物体表面的粗糙度、硬度、温度等信息必须通过触觉来进行感知。两种模式所获得信息的异步采样和不同感知范围会对两类模态信息的融合带来极大的挑战。

从脑认知与心理学的角度,视-触觉关联的研究工作很多。大脑的一个重要机制是:为了实现对物体的一致性表述,需要融合视觉和触觉这些分离的信息。文献(Heller M A,et al,1982a)研究了人在操作过程中视觉与触觉的不同作用,视觉用于监控手的运动,而触觉用于采集表面纹理信息。文献(Norman J,et al,2004a)指出,在物体形状识别过程中,视觉和触觉起到相互弥补的作用。文献(Woods A T,et al,2004a)用实验展示视觉和触觉在跨模态物体识别中的作用。2002年发表在 *Nature* 上的论文(Ernst M O,et al,2002a)分析了人类在实现视-触信息融合时的最优融合方式。文献(Natale L,et al,2004a)利用实验初步验证了视觉与触觉信息在大脑中的统一表示。文献(栾贻福,2005a)从个体对客体位置信息的加工出发,对触动觉位置加工以及视触位置信息整合的特点进行了探讨。文献(何聪艳,2011a)利用实验揭示了感知织物柔软感的心理物理特性和多感官评价中视、触觉的贡献度。文献(林苗,2012a)利用实验分析了视触同步和注意分配在空间稳定性中的作用。文献(占洁,等,2013a)利用功能性磁共振成像研究了视皮质的视-触觉跨模态激活。文献(Beauchamp M S,et al,2005a)指出,在灵长类动物的后丘脑存在处理交叉模式信息的区域。通过研究人的后丘脑发现,除了有视觉、触觉、听觉等感知模式单独的信息处理区域外,还存在交叉模式的感知信息处理区域:STS区、LO区和MT区。STS区对有意义的视觉和听觉刺激信息做出响应;LO区对视觉和触觉感知的物体形状信息做出响应;MT区是处理视觉的重要区域,对触觉运动的刺激信号和听觉刺激信号均有相对较微弱的反映。这些为深入研究机器人视-触觉融合感知提供直接的认知基础。如何利用人类的多模态认知机理开发机器人的视-触觉融合方法,是当前一个非常重要的问题。尽管视觉和触觉模式之间存在很多差异,但是,视觉、触觉对同一个物体进行感知,产生的对物体一致性描述信息可以被交叉模式所利用。当交叉模式信息在时间和空间上一致时,可以很容易地进行视觉和触觉的信息融合。文献(Wang D,et al,2011a)研究视觉感知与触觉感知模态的协同定位问题。由此可见,视-触觉信息的融合能够使机器人获得更全面的物体相关信息,进而获得操作目标的定位、物理特性识别和感知-动作映射等信息。此外,对机器人视-触觉多模态融合技术的研究也可能促进深入理解人类感知中视觉与触觉的交互作用。

视觉信息与触觉信息的融合有多种方式。首先,利用视觉信息本身也可以得到某些触觉信息。文献(Maldonado A,et al,2012a)使用一个微型摄像头来获取物体表面图像,并利用光流检测滑动。文献(Corradi T,et al,2015a)利用摄像机检测物体的几何形状变化,进而给出触觉信号。但这些工作并非视-触觉的多模态融合感知。文献(Allen P,1988a)将触觉信息与立体视觉相结合,利用两种感官模式的优势和劣势进行互补,通过对物体的模型进行三维重建,并利用结构中包含丰富的三维模型分层信息,实现了对物体表面的弧度以及凹陷等信息的识别。文献(Son J S,et al,1996a)报道了将视觉和触觉信息同时用于机械臂抓取操作的实验结果,并指出引入触觉信息后,可以获得更精细的抓取结果。文献(Boshra M,et al,2000a)通过集成视触觉信息实现对多面体物体的定位。文献(Ilonen J,et al,2013a)利用抓取过程中获得的视觉图像和触觉信号对物体进行三维重建。文献(Bjorkman M,et al,2013a)首先利用视觉信息对物体进行粗略的三维建模,然后通过多次触碰获得的触觉信息来对模型进行修正。文献(Bhattacharjee T,et al,2015a)假设环境中视觉上相似的场景其触觉特性也相似,因而,可以用RGB-D图像和稀疏标注的触觉信号来给出环境的稠密触觉地图(Dense Haptic Map),为机器人的操作提供指导。文献(Prats M,et al,2009a)开发一个集成视觉、触觉和力觉信息用于机械臂操作控制的框架,并演示一个利用机械臂开门的实验。文献(Bekiroglu Y,et al,2011b)利用视触觉信息融合分析抓取操作的稳定性。文献(Luo S,et al,2015b)研究视觉特征与触觉特征的对应与匹配。文献(Kyo S,et al,2014a)利用视觉和触觉信息建立了人体运动的复现系统。

在视-触觉融合物体识别方面,目前的研究成果还非常有限。一般来说,视觉适合处理颜色、形状等,而触觉适合处理温度、硬度等特性。文献(Woods A T,et al,2004a)指出,对于表面材质等特性,视觉和触觉均可处理,前者一般处理比较粗略的材质,后者一般处理比较精细的材质。文献(Kroemer O,et al,2011a)研究利用视觉辅助触觉进行特征提取,并用于纹理材质的分类。在该文中,作者指出视-触觉信息融合中存在的一个关键问题,即视觉图像与触觉数据难以一一配对。为此,作者提出"弱配对"的思路来设计联合降维方法。在实际应用过程中,只利用触觉数据来分类材质,视觉在这里仅仅是辅助作用。这些工作尽管均研究视-触融合的物体识别问题,但本质上还是面向纹理材质的识别。

针对可变形物体,文献(Guler P,et al,2014a)利用视-触觉信息的融合方法研究容器的内部状态。该文利用固定位置的Kinect摄像机检测物体经挤压后的变形状态,结合触觉传感器读取的数据,可以通过分类的方法测知物体的内部状态(如内部装的水、米等)。然而,这一方法需要事先建立物体的三维模型,因此在实际应用中受到很大限制。

由于视-触觉信息在维度统一和时空对齐等方面的困难,联合稀疏编码目前已成为多模态信息融合识别方面非常有效的一类手段。一方面,这类方法通过要求不同模态的编码向量共享稀疏模式来刻画各模态之间的内在联系。另一方面,每个编码向量具体的值又可以不同,有效地保留各个模态信息的各自特点。这类方法目前已经在人脸识别、身份验证等领域里获得很大成功。

近年来,深度学习也被应用于解决视-触觉融合问题,如文献(Gao Y,et al,2016a)利用卷积神经网络研究视觉图像与触觉数据的联合学习方法,而文献(Yuan W,et al,2015a)针对GelSight传感器采集的触觉图像研究其与光学图像的融合方法。

1.2.2 视-触觉一体化融合感知

基于微视觉的触觉传感器是指一种利用基于相机(视觉)捕获与物体接触的触觉信息的新型装置,其将获取的触觉信息的分辨率提升至像素级别,并且触觉信息处理方式多采用视觉处理技术,为触觉传感领域开辟了新的路径。

该类新型触觉传感装置早期由日本东京大学的Susumu Tachi带领的团队研制(Kamiyama K,et al,2003),如图1.1所示。从图中可明显看出,该装置主要组成部件为相机、透明支撑桌以及一块大型透明弹性体组成,透明弹性体内部布有两层交错的红、蓝实心圆点,其主要功能为通过处理实心圆点的位移来测量触觉传感装置的受力(Kamiyama K,et al,2005)。然而,第一款基于视觉的触觉传感装置并没有迎来学术界的认同,反而很多学者认为该种测量力的方法与电容式、压阻式触觉传感器的相比,准确性有待考量,并且该装置过于庞大、笨重,实用性较差。2010年,该团队又制作了一款可安装于机器人五指灵巧手上的微型基于视觉的触觉传感器,并命名为"GelForce"(SATO,et al,2010)。GelForce的工作原理与首款装置相同,均是通过处理标记点们的位移测量的机器人手指尖的受力情况,但指尖结构可以集成在五指灵巧手,并且该传感器表面为弹性体,其柔软、亲肤的性能改进了机器人刚硬的缺点,保护物体不易损坏。

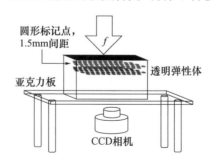

图1.1 首款基于视觉的触觉传感装置(见彩插)

2007年,日本名古屋大学的Goro Obinata教授带领团队研制了一款基于视觉的触觉传感装置(Goro Obinata,et al,2007),其结构和装置外壳如图1.2所示。该装置主要由CCD相机、LED灯以及接触板组成,其接触板由硅橡胶的双层弹性膜制成,厚度为0.5mm。外膜为黑色,内膜为白色,在内膜上印有21×21的阵列点如图1.2所示。触摸板内部充满半透明的红色水,可通过分析触摸板中行进光的红色、绿色和蓝色带的强度估计物体的形状,并且该团队利用接触板与物体的黏性比测量物体的微观滑动度(ITO,et al,2011)。该装置在一定程度上扩大了基于视觉的触觉传感装置的应用面,使其能够用于测量微观滑动度、正切力以及估计物体形状等。但该装置体积较大、圆弧状的接触板不易测量三维力,最重要的是,该装置不能应用于机器人的操作。

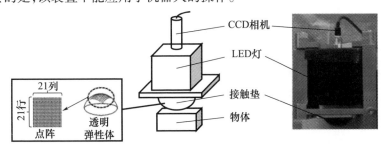

图1.2 GoroObinata团队研制的基于视觉的触觉传感装置

2013年,麻省理工学院的Adelson教授带领的团队研制出了一款基于视觉的触觉传感装置,可获取物体纹理,命名为GelSight,如图1.3所示(Li R,et al,2013)。该装置的主要部件为相机、三色光、支撑结构和透明弹性体,透明弹性体上表面的银粉镀层促使该装置获取非常细微、清晰的纹理,他们使用该装置实现了物体纹理识别(Jia X S,et al,2013)、块体检测(Yuan Wenzhen,et al,2017a)以及估计物体的几何形状(Yuan Wenzhen,et al,2016)。而后,该团队改进了装置的外壳结构,如图1.4所示,改进后的装置可安装于机器人的2指手上实现夹持操作,并且在透明弹性体与银粉镀层之间加了一层不规则的黑色标记点。Yuan Wenzhen等根据标记点的位移情况和图像的亮度构建了一个模型来测量物体的硬度(Yuan Wenzhen,et al,2017b)。此后,该装置被用来估计物体的剪切力和滑动情况(Luo S,et al,2018)、衣料的纹理识别(Izatt G,et al,2017)以及获取操作物体的状态(Wu P,et al,2017)等。

图1.3 GelSight装置　　　　图1.4 GelSight装置改进版

1.3 数据集

目前,视觉物体识别数据集,包括机器人应用领域的视觉物体识别数据集已有很多,如(Lai K,et al,2011a)开发的面向 300 个物体的视觉数据集等。相比之下,触觉数据集的建设仍处于初级阶段。大多数研究工作采用了自行研制的触觉传感器,由于成熟度不够,以及缺乏相应的标准,因此相关的数据集大都没有公开。目前已经公开的触觉数据集不多,用于视－触觉融合物体识别的数据集更少。代表性的相关数据集介绍如下。

1.3.1 触觉数据集

在文献(Goldfeder C,et al,2009a)中,作者使用多种不同类型的灵巧手完成了大量实验物品的仿真抓取的实验。针对每个物体产生稳定抓取位姿,构建了哥伦比亚数据集(Columbia Grasp Database),再利用 GraspIt! 仿真器产生每个抓取位姿的触觉反馈,从而建立了一组全面的仿真抓取触觉数据集(Dang H,et al,2013),并被应用于对目标物的稳定抓取控制中。文献(Bekiroglu Y,et al,2011a)利用 RobWorkSim 工具开发了仿真触觉数据集 SDS,模拟了 5 种不同抓取情形下的触觉响应信号,此外,还利用 Schunk 灵巧手构建了 5 个物体的触觉数据集 SD－5。这两个数据集也都主要是用于抓取稳定性判断。

在纹理材质方面,也有一些触觉数据集公开发布。例如,宾夕法尼亚大学 GRASP 研究组发布了面向 100 种纹理材质的数据集 Penn Haptic Texture Toolkit (HaTT)(Culbertson H,et al,2014a)。文献(Strese M,et al,2014a)发布了 43 种纹理材质在受控与不受控接触情形下的触觉信号。文献(Drimus A,et al,2014a)提供了一系列面向可变形物体识别的触觉序列数据集 SD－10、SPr－7 和 SPr－10。其中 SD－10 由 3 指手采集,涉及 10 个物体;SPr－7 和 SPr－10 均由 2 指手采集,分别包含 7 个和 10 个物体。文献(Soh H,et al,2014a)利用 5 指手采集了 10 种物体的触觉序列数据集。因此,可以发现,目前公开的数据集规模都不是太大。

1.3.2 视－触觉融合数据集

机器人视－触觉融合物体识别的研究工作刚起步不久,因此相关的数据集不多。文献(Kroemer O,et al,2011a)研究视觉数据与触觉数据的弱配对问题,并提供了一个小型数据集。该数据集中的触觉数据是由单点传感器在纹理材质上滑动得到。尽管文献(Culbertson H,et al,2014a)在提供触觉数据的同时也提供对应的纹理图像,但其主要任务是用于纹理合成。

文献(Gao Y,et al,2016a)利用深度学习研究纹理材质的视-触觉融合识别方法。文献(Luo S,et al,2018a)建立了100种布料的视-触觉数据集,并研究了视-触觉跨模态的布料纹理识别方法。目前所发布的数据集都是针对纹理材质的,而针对家常用品或者可变形物体的视-触觉公开数据集尚未见报道。

1.4 未来展望

综上所述,触觉信息以及视-触觉融合信息在机器人精细操作过程中的作用非常重要,是目前机器人感知领域的研究焦点。然而,这方面的研究工作还面临诸多挑战,触觉感知与认知技术也处于持续发展阶段。在未来的研究中,以下研究方向必将成为这一领域的重要发展趋势。

(1)触觉传感的新材料和新工艺。触觉传感器通常是将触觉信息转换为电信号,其中敏感材料基本决定了传感器性能。目前,压阻式传感器中通常用到的压阻材料包括单晶硅、碳纳米管、石墨烯、二硫化钼和导电聚合材料等;电容式触觉传感器中常用到的电介质材料包括离子导体、二氧化钛、聚酰亚胺、人造橡胶和三维织物等;压电式触觉传感器常用到的材料包括压电陶瓷、氧化锌、钛酸钡、钽酸锂、聚偏氟乙烯等;静电式触觉传感器常用到的材料包括聚二甲基硅、聚乙烯醇、涤纶、聚丙烯酰胺和石墨烯等。近些年,随着新材料以及新工艺的不断涌现,触觉传感性能也得到了提升。值得指出的是,高性能聚合物半导体,由于可以有效改善传感器的拉伸性能,未来可望成为实现触觉传感器的重要材料。

(2)大面积触觉传感器。尽管机器人触觉传感技术已经取得了显著进展,但是目前主要都是针对特定部位,分辨率不高。大规模分布式触觉传感系统是机器人实现高效操作的基础。然而,现有触觉传感器的功能特性与人类皮肤的综合感知能力依然存在很大差距。尽管近年来电子皮肤在结构、材料等方面都有很大突破,但仍存在着难以兼顾高柔性和高弹性,大面积阵列式触觉传感器可扩展性差、不易剪裁和拼接,高灵敏度阵列式触觉传感器制造工艺复杂、成本高,难以大批量生产等问题。由于这些挑战,在机器人躯体表面部署并使用大面积触觉传感器的问题尚未得到解决。

(3)主动触觉感知。尽管触觉特征学习与分类近年来涌现出了很多成果,但大多数工作仍然是基于事先给定的规则采集数据,然后利用模式识别的方法来进行处理。由于触觉感知只能提供环境特性的局部信息,这类方法很难高效地实现对环境的全面感知。当前,主动触觉感知的应用场景大都比较简单,触觉探索过程太长也难以应用于开放场景。此外,触觉探索策略大都还是基于对状态估计的不确定性度量,并没有和感知任务紧密结合。目前的主动探索大都仅限于手与臂,机器人其他部位的动作较少。

(4)触觉仿真。目前触觉利用数据驱动的机器学习方法,在物体属性识别、滑觉检测、操作控制等方面都取得了很好的效果。然而,基于机器学习方法,尤其是深度学习的算法通常需要大量数据。实际的触觉数据集建立非常耗时耗力,并且机器人触觉传感器往往易产生严重的损耗,成本高。利用虚拟环境建立触觉仿真,可以方便高效地建立大型数据集以进行触觉基准测试。因而,如何表征触觉传感器与物体之间接触时的物理模型并以此建立逼真有效的触觉仿真,是推动触觉机器学习的关键。

(5)多模态感知。触觉信号虽然在机器人感知中起到非常重要的作用,但也有自身的局限性,包括:触觉感知通常只限于接触的局部区域,感知过程受制于接触过程,实际环境与物体的很多性质可能并不适合仅使用触觉模态来测量。此外,触觉传感由于频繁接触环境,也对自身的使用寿命造成影响。实际机器人系统通常都配备其他传感器(如视觉、听觉等)。视觉、听觉与触觉模态在感知范围与感知特性上可以形成强有力的互补。因而,如何综合利用多种模态的传感器来实现融合感知,也是机器人感知与学习的重要问题。

(6)跨模态感知。人类从来不是通过单一的感官方式来检测物体,而是通过多种方式来对环境进行感知。触觉信息、味觉信息、视觉信息和声音信息都可以帮助人类理解外界环境和物体。例如,视觉数据提供物体的几何材质特性,触觉数据可以提供物体的物理特性,这两种感官方式是互补甚至相通的,这为跨模态感知提供了途径。机器人如何将触觉和其他感知模态的通用特征进行表示以实现跨模态感知,是未来值得研究探讨的问题。

触觉作为人类感知外界环境信息最重要的渠道,不仅包含对一系列客观物体的特征感知,也包含了人类心理情感的传递。触觉是人类得以顺利开展与环境的互动、认识世界和赖以生存的基础。但是,人类如何实现触觉信息的整合,以及与其他感觉通道信息实现跨通道整合,并且与人体运动实现协同,目前这些问题仍然不清楚。因此,无论是触觉的神经生理基础,还是触觉信息在大脑高级皮层的信息整合,都亟待科学界给予更多的关注和支持,进一步探索其神经认知机理。未来随着脑科学的发展,引入类脑触觉认知机理将是未来机器人触觉研究的必然趋势。

第 2 章　电容式阵列触觉传感器

可靠的触觉信号获取是机器人实现灵巧操作的前提。早期,机器人力控制信息主要通过力传感器获得,由于关节力和末端执行力之间关系是非唯一的,一般通过约束优化得到。在一些要求不高的场合,如移动、卸载物体等,机器人通过视觉传感器辅助力传感器即可完成对物体的操作。然而,随着精密操作需求的日益增加,机器人需要接触物体材质、大小、形状等属性,因此,触觉传感器开始展现自己的优势。触觉传感器呈阵列式分布,可以在较大范围内捕捉抓握信息,将微小的抓取细节转换为高密度触觉灰度图像,为机器人提供有效的触觉信息。

2.1　电容式触觉传感器原理

电容式触觉传感器的测量原理是利用电容器的电容机理制成。基于电容式传感技术的柔性触觉传感器本质是由绝缘介质分开的两个平行金属极板组成的电容器。在不考虑边缘效应的情况下,电容器储存的电容量受极板面积和极板间距控制。图 2.1 所示的传感器,是通过改变平板电极两个相对极板之间的距离,带来输出电容的变化来感知压力变化。基于电容式传感技术的柔性触觉传感器制备工艺简单、温度系数小、灵敏度高、输出稳定性好,具有较好的动态响应特性。同时,其自身发热非常小,功耗极低,具有很好的应用前景。从传感机理、传感材料、信息获取以及实用化前景等方面综合对比,电容式触觉传感器相对于其他传感器有一定优势。但是基于平板电容的柔性触觉传感器受寄生电容和感生电容的影响较大,对调理电路的要求较高。

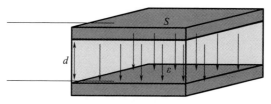

图 2.1　电容式压力传感器原理图

在不考虑电容器边缘效应的情况下,其电容量可以表示为

$$C = \frac{\varepsilon S}{d} \quad (2-1)$$

式中:ε 为弹性绝缘介质的介电常数;S 为极板面积;d 为极板间距。3 个参数的变化均会导致输出的改变。由此可以分别通过改变电解质类型、接触面积或者极板间距来实现特定物理量的检测。

本书中采用通过改变极板间距 d 来检测按压力度的力-电容($F-C$)传感机制。这种传感机制下,电容器的 ε 和 S 均为固定值。传感器表层加载压力时,作为绝缘介质层的弹塑性材料产生应变,两电极板间距 d 变化,随之,电容输出值改变。根据输出电容的变化,达到检测加载的压力大小的目的。

假设传感器输出电容的初始值 C_0 为

$$C_0 = \frac{\varepsilon S}{d_0} \quad (2-2)$$

当压力作用于传感器表面时,与界面垂直的正压力使得电极之间的距离 d 减小,此时,电容变为

$$C = C_0 + \Delta C = \frac{\varepsilon S}{d_0 - \Delta d} = \frac{\varepsilon S}{d_0} \cdot \frac{1}{1 - \Delta d/d_0} = C_0 \cdot \frac{1}{1 - \Delta d/d_0} \quad (2-3)$$

对式(2-3)进行泰勒展开可得

$$C = C_0 + \Delta C = C_0 \cdot \left[1 + \frac{\Delta d}{d_0} + \left(\frac{\Delta d}{d_0}\right)^2 + \cdots \right] \quad (2-4)$$

进一步简化为

$$\frac{\Delta C}{C_0} = \frac{\Delta d}{d_0} \cdot \left[1 + \frac{\Delta d}{d_0} + \left(\frac{\Delta d}{d_0}\right)^2 + \cdots \right] \quad (2-5)$$

此外,为了获得良好的柔韧性和延展性,绝缘介质层的弹塑性材料常采用超弹性材料,如橡胶、海绵等。超弹性材料的拉伸主要通过分子链交联点重新组合实现,因此,可以满足较大的弹性应变要求,同时还具有外力卸载后应变可以恢复到初始状态的特点。与其他弹性材料的主要区别是:其应力应变关系通过应变能密度函数确定,呈现非线性。在小变形情况下,超弹性材料呈现线性弹性,服从胡克定律。根据胡克定律,在弹性范围内,施加在物体上的力 ΔF 与物体产生的变化量 Δd 成正比,表示为

$$\Delta F = E \cdot \Delta d \quad (2-6)$$

式中:E 为材料的弹性模量。

在小变形情况下,满足 $\Delta d \ll d_0$,即 $\Delta d/d_0 \ll 1$,可略去式(2-5)中的高次项:

$$\frac{\Delta C}{C_0} \approx \frac{\Delta d}{d_0} \quad (2-7)$$

由式(2-7)可得,在小变形情况下,输出电容的变化量 ΔC 和传感器纵向间距的变化量 Δd 约为正比。因此,在小变形情况下,可以得出输出电容的变化量与力的大小成正比:

$$\frac{\Delta C}{C_0} \approx \frac{\Delta d}{d_0} = \frac{E}{d_0} \cdot \Delta F \qquad (2-8)$$

图 2.2 表示了超弹性材料在大变形情况下应力和应变的关系。由图可见,在拉伸时,原本弯曲的分子链逐渐平直,材料的应变随应力线性增长到一定范围时,应变突增,材料强度降低,呈现软化特性。继续拉伸到一定程度后,应变变化速度变缓,材料强度提高,呈现硬化特性。在压缩时,原本弯曲的高分子链被持续压缩,材料急剧硬化,应变变化随应力增加的速度变慢。

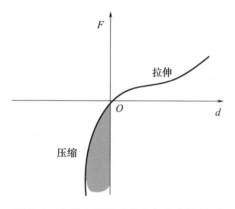

图 2.2　大形变情况下应力和应变的关系

根据压缩曲线 F-d 和电容变化曲线 C-d,可以推出电容输出和压力(F-C)的关系图,如图 2.3 所示。灵敏度和检测范围是触觉传感器中最重要的两个衡量指标。为了更大限度地增加灵敏度和检测范围,需要通过结构优化和材料选择,扩大线性区的范围,避免进入饱和区。

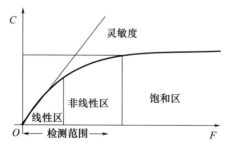

图 2.3　力与电容关系图

2.2 触觉传感器的设计

电容式柔性触觉传感阵列结构简单,其性能主要由弹性绝缘层的力学和电学特性决定。目前,柔性触觉传感器主要有两种典型设计:一种是采用PDMS(Polydimethylsiloxane,全称聚二甲基硅氧烷,又称硅橡胶)等柔性高弹性体材料作为弹性绝缘层,如图2.4所示;另一种是采用空气槽作为弹性绝缘层,如图2.5所示。弹性绝缘层的不同给两种器件带来相当大的性能差异。

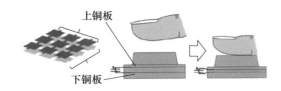

图2.4 柔性高弹体材料作为弹性绝缘层的柔性触觉传感器

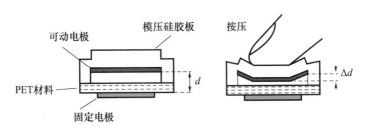

图2.5 空气槽作为弹性绝缘层的柔性触觉传感器

表2.1列出常用柔性材料的杨氏模量、泊松比和相对介电常数。其中前两者描述材料的力学特性,后者描述材料的电学特性。杨氏模量是应力对应变的比值,反应固体材料抗形变的能力。杨氏模量越低,表示在相同压力下该材料产生的形变越大。泊松比是指单向受力时,横向应变与轴向应变的比值,反应材料一个方向受力时,另外两个方向的抗变形能力。相对介电常数表征材料储存电荷的能力,以真空下介电常数为计量单位。

综合分析以下几种柔性固体材料,不难发现,PDMS杨氏模量最小,在挤压时变形最大,是柔性触觉传感器弹性电介质层的最佳选择。对于空气而言,在非封闭无内压环境下,可以被无限挤压。采用空气槽作为弹性绝缘层的触觉传感器主要取决于其交联处材料的特性,较采用PDMS作为绝缘层的传感器更为灵敏。但是由于按钮下方没有压力依托,也使得传感器更加容易老化。长期使用时,采用空气槽作为绝缘层的传感器没有采用PDMS作为绝缘层的传感器的重复性和耐用性好。

表2.1 常用柔性材料特性

特性参数	PDMS	橡胶	PI	PET	空气
杨氏模量/MPa	1.8	7.84	3500	4000	—
泊松比	0.48	0.47	0.335	0.4	0
相对介电常数	2.75~2.85	2.0~3.0	3.7~4.0	3.0~3.8	1

综合以上两种传感器的优缺点,本书提出一种新型的柔性触觉传感器,如图2.6所示。该传感器结合空气压缩程度大以及PDMS的高弹特性,采用PDMS制成柔性微针,作为空气槽的压力依托,通过对微针半径和分布的结构优化,提高了传感器耐用性和测量的灵敏度。图2.6(b)为柔性触觉传感器侧视图,传感器共分为4层:按钮层,用于将受到的压力集中传递到敏感区域,增加传感器灵敏度;顶层电极层,平行板电容器上极板,提供驱动电压;弹性绝缘层,由柔性弹性微针阵列组成,力的传播层,同时还起到支撑作用,是传感器设计的重点;底层电极层,平行板电容器下极板,感应电容输出变化。考虑到机械手的使用特性,本书将底层电极层分为两个部分:中心主感测点和周围24个次感测点。主感测点主要用来检测手指抓握时的主压力,周围次感测点主要用来提供受力方向、振动等敏感信息,模拟人手抓握时的感知过程,为机器人抓握物体提供更加细腻的感知信息。

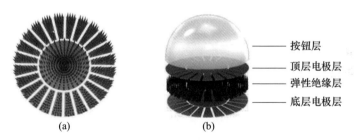

图2.6 柔性触觉传感器设计图
(a)俯视图;(b)侧视图。

实际的触觉传感器设计中,为保证传感器底层单面引出线,通常将底层面板进行分割,将传感器变为多个电容式传感器串联的形式(图2.7)。这种结构的优势包括:行列读出在内部底层完成,可实现大规模阵列单元的读出;同时减小压敏电容值,提高读取速度,便于与后端传感器接口芯片互连。

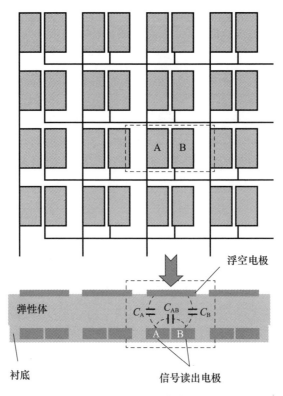

图 2.7　电容式柔性触觉传感器的实现图

2.3　触觉传感器的加工与制备

柔性触觉传感器在选材和加工上要考虑以下几个方面。

（1）柔软性。柔性触觉传感器一般都安装在机器人指尖、手臂之类的弯曲表面。为了更真实地反映受力情况，需要传感器非常服帖地安装在机器人表面，这就要求在选材时考虑材料的柔软性。

（2）弹性。柔性触觉传感器的弹性性能决定其测量范围和测量精度。相同压力下，弹性越大，应变越大，传感器输出变化越大。因此，要选用较大弹性的制备材料。

（3）易加工。柔性材料加工工艺更加复杂，处理难度更大，因此，在材料选型和工艺设计时要充分考虑方案的可行性和易操作性。

综合考虑，本书选用美国 Dowcorning 公司的 Sylgard 184 型号 PDMS 制剂作为柔性触觉传感器的主要制备材料。PDMS 具有良好的弹性和生物兼容性，加工简易,通过配比不同可以实现性能的调节,被广泛应用于弹性基底材料、密封材料等领域。

为了方便加工,将传感器分为4个部分独立制备:底层电极板、弹性介质层、顶层电极板和按钮层,其中为了增强传感器的耐用程度,底层电极板采用 FPCB 制作。这样的封装方式可以大大减小接口芯片与传感部分之间的引线带来的寄生效应和不稳定性,同时保证了传感器的柔软性。

2.4 触觉传感器静态测试

本书采用压力测试平台对传感器进行性能测试,如图 2.8 所示。测试系统使用了一个三维力的标定装置(具体型号为 JNsensor 公司的 JDS100505),它可以输出力和电压的关系。同时,标定装置输出的电压由高精度的 ADC 仪器(具体型号为 USB3252,ZIAD)进行采样。该测试系统的力精度为 0.01N,最大测量值达到 50N。

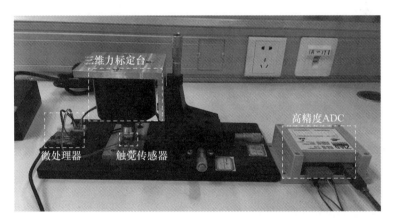

图 2.8　性能测试平台

2.4.1　力学测试结果

弹性微针体是实现柔性触觉传感器高灵敏度宽测量范围的关键。图 2.9 显示的是显微镜观察下力"加载 – 卸载"过程中弹性微针的变形情况,其中图 2.9(a)为侧视图,图 2.9(b)为俯视图。不难观察到,受压时,弹性微针体发生变形,其变形程度与受压程度相关。由于柔性材料的高弹性和微针阵列的优化布局,当力卸载时,其变形迅速恢复,支撑起弹性表面。

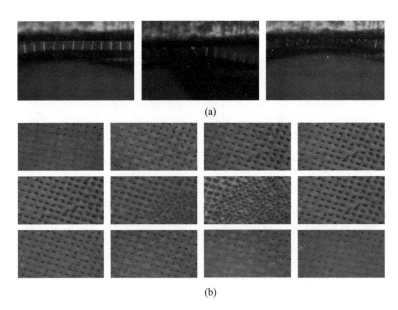

图 2.9 力学测试显微结果
(a) 侧视图;(b) 俯视图。

2.4.2 电学特性测试结果

1)性能参数

为了评估柔性触觉传感器将力的变化不失真的转化为电学信号的能力,需要对传感器的基本静态性能进行测试。传感器的主要静态性能包括量程、灵敏度、分辨率、非线性度、迟滞性、重复精度。相关定义如下。

(1)量程。传感器的测量范围。

(2)灵敏度。输入增量与输出增量的比值。

(3)分辨率。可以被检测到的最小输入量。

(4)非线性。全量程范围内偏离量和曲线最大的偏差与全量程比值。

(5)迟滞性。表示传感器在被施力或者卸力过程中,输入和输出曲线的不重合的程度,可以使用施力-卸力过程中产生的最大不重合量 Δm 和全量程 L_{max} 的比值来表示:

$$E_{nl} = \Delta m / L_{max} \times 100\% \qquad (2-9)$$

(6)重复精度。按相同的输入进行多次测试,输入和输出曲线不一致的程度。在极限情况下,它能够被多次测量的平均方差 $\bar{\sigma}$ 和全量程 L_{max} 的比值来表示,但由于存在随机误差,一般用 2 倍的极限误差表示:

$$E_{rpt} = \pm 2\bar{\sigma}/L_{max} \times 100\% \qquad (2-10)$$

本书采用上述测试设备对柔性触觉传感器进行全面测试。通过对传感器在全量程范围内"加载-卸载"的方式测试其静态性能,总共进行了100次重复测试,对输出数据进行统计分析,得到了柔性触觉传感器主感测点和次感测点的静态指标,如表2.2所列。

表2.2 感测点静态指标

性能	主感测点	次感测点
检测点大小	12.56mm^2	2mm^2
量程	0~30N	0~30N
灵敏度	76.9%/N	62.5%/N
分辨率	0.05N	0.05N
非线性误差	25.03%	-8.45%
迟滞误差	5.25%	9.36%
重复精度	2.62%	2.36%

2)输出特性曲线

对测试曲线进行拟合,可以得到图2.10的力-电容输出曲线和多项式拟合结果,其中图2.10(a)为中心检测点的力-电容输出曲线,图2.10(b)为边缘检测点的力-电容输出曲线。实验结果表明,压力加载前期,弹性微针体受到挤压弯曲,此时,输出主要由结构特性决定,电容输出变化幅度较大,整体呈线性。随着压力的逐步上升,弹性微针体逐渐被压倒,此时,输出主要由材料特性决定。由于材料超弹性,电容变化趋势变缓直至饱和。综合分析主感测点与次感测点的输出发现,周围次感测点较主感测点线性度更好一些。

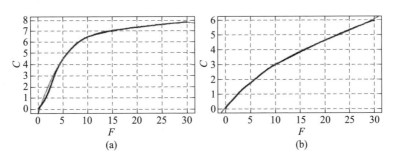

图2.10 中心点(a)和边缘点力-电容输出曲线与多项式拟合结果(b)

3)通道一致性

相关系数主要用来衡量两个随机变量间的线性相关度,是用来评定各通道间一致性的指标。图 2.11 显示 25 通道间各自的相关程度,可以看出,各通道间相关程度均超过 0.9,呈现较为密切的线性相关。

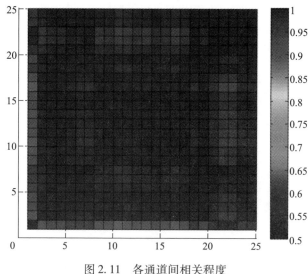

图 2.11　各通道间相关程度

本章重点研究了电容式柔性触觉传感器的原理,给出了一种微针与空间槽组合的电容式柔性触觉传感器,详细介绍了柔性触觉传感器的设计流程、制备方法和测试结果。进一步,通过对微针半径和分布的结构优化,提高了传感器的耐用性、稳定性和测量的灵敏度。同时,借鉴真实人手感知过程,提出了一种将底层电极层分为中心主感测点和周围 24 个次感测点的阵列结构,能够检测机械手指抓握时的压力中心、受力方向和振动等敏感信息,为机器人抓取操作提供了更为细腻、灵敏的触觉信息。

第 3 章 触觉目标识别

第 2 章介绍了电容式柔性触觉传感器的测量原理、设计与制作。本章将重点介绍如何利用触觉传感器的测量信息进行操作目标的识别。触觉目标识别包括物体的分类、材质、形变等。需要强调的是,触觉是接触式、过程式的,这意味着机器人在接触/抓取特定目标物的过程中所产生的触觉数据是具有时空结构的序列。

3.1 触觉目标识别的基本原理

为了实现触觉目标识别,首先需要机器人灵巧手通过实际操作来采集数据,这里采用的是 Barrett BH8-280 3 指灵巧手。该装置上有 4 个传感器,分别安装在手指 1、手指 2、手指 3 和手掌 S。手指 1 和手指 2 可以同步对称地围绕手掌自由旋转。手掌和每个手指都装有 24 个触觉传感器阵列,因此 Barrett Hand BH8-280 灵巧手可以方便地用于采集触觉阵列数据。本章采用 3 个手指指尖的数据进行实验,灵巧手传感器 24 维阵列图如图 3.1 所示,灵巧手抓取实验物体如图 3.2 所示。

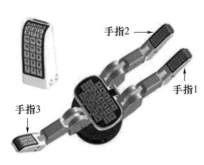 

图 3.1　BH8-280 灵巧手示意图　　图 3.2　灵巧手抓取实验物体图

如图 3.3 所示,抓取过程的触觉时间序列总体上呈现出 3 个变化阶段:①未接触阶段,触觉力保持不变,传感器输出主要为噪声和扰动;②接触阶段,触觉力逐渐增大,接触面积逐渐增大;③完全接触阶段,触觉力保持不变。在未接触阶段,传感器阵列输出基本上为噪声信号;在逐渐接触阶段,由于此时正处于灵巧手与目标物体不断增大接触面积,逐渐施加力的阶段,读数不稳定,出现一个比较明显的增大过程,而且由于接触点的增多,阵列中具有有效读数的单元逐渐增多;在完全接触阶段,由于灵巧手施加的力已经达到输出阈值,传感器阵列采集到的数值不再有较大变化,波动仅由外界随机干扰造成。此时,接触面的大小和接触点的数目由物体本身的物理特性决定,如刚性物体的接触面的面积将小于非刚性物体接触面的面积,接触点也将明显少于非刚性物体。

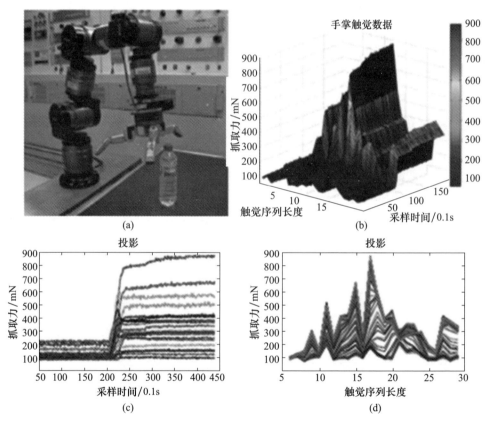

图 3.3 灵巧手触觉信息分布图
(a)非刚性目标物的抓取实验;(b)手掌的触觉时间序列;
(c)时间轴方向的投影视图;(d)传感器编号轴方向的投影视图

假设第 t 时刻采集到的触觉力为 $y(t) \in \mathbf{R}^m$,其中 m 表示触觉传感器的维度。由于数据采集往往带有噪声,因此,假设采集到的触觉力满足

第3章 触觉目标识别

$$y(t) = D(t) + w(t) \qquad (3-1)$$

式中：$D(t) \in \mathbf{R}^m$ 为触觉力；$w(t) \in \mathbf{R}^m$ 为噪声项。

事实上，由于物体本身的内部关联，不同时刻的触觉力彼此之间具有相关性，这意味着 $D(t)$ 是存在于一个高维空间的低维流形上。因而，可以假设：

$$D(t) = Cx(t) \qquad (3-2)$$

式中：$C \in \mathbf{R}^{m \times n}$ 称为测量矩阵；$x(t) \in \mathbf{R}^n$ 称为状态变量，$n \ll m$。

假设数据落在一个低维流形只是刻画了全局相关性。然而，触觉数据相邻两帧之间也是具有时序变化的相关性。因此，我们进一步假设 $t+1$ 时刻的 $x(t+1)$ 是由 t 时刻生成的，也就是满足

$$x(t+1) = Ax(t) + v(t) \qquad (3-3)$$

式中：$A \in \mathbf{R}^{n \times n}$ 称为转移矩阵；$v(t) \in \mathbf{R}^n$ 为噪声项。综上所述，得到了以下触觉数据的产生方程：

$$\begin{cases} x(t+1) = Ax(t) + v(t) \\ y(t) = Cx(t) + w(t) \end{cases} \qquad (3-4)$$

该方程称为线性动态系统方程(LDS)。如何根据触觉感知数据确定线性动态系统方程参数可参见文献[Xiao W, et al, 2014a]。

前面讨论的抓取过程包含了未接触阶段、接触阶段和完全接触阶段3个阶段，其触觉序列包含了3个子序列。本章提出的触觉目标识别方法是基于触觉的局部特征，通过选择的距离度量实现分类，进而实现对目标的识别。不同的距离度量会影响分类的结果，由于线性动态系统的观测矩阵 $O(A, C)$ 列向量扩张的子空间是一个嵌套在无穷维空间的 Grassmann 流形上的子流形，因此我们选择马丁距离用于度量两个线性动态系统之间的距离。马丁距离定义为两个线性动态系统观测子空间之间夹角的余弦。另一种距离度量是采用动态时间规整，将在3.2节讨论。

由于目标的不同形状、材质和状态，触觉数据的采集需要针对不同部位和状态进行多次采样。以抓取为例，通过多次抓取操作采集的数据，用于采用线性动态系统实现触觉的建模。然后选用马丁距离计算各个线性动态系统两两之间的距离，由此形成马丁距离的矩阵 $D = d_M(M_i, M_j) = d_{ij}, i, j = 1, 2, \cdots, md$，其中 M_i 和 M_j 为两个子序列，而 md 是子序列的总数。

为了实现对触觉的分类，需要对基于距离度量得到的特征进行聚类以实现分类。K - Means 和 K - Medoid 是常用的两种聚类方法。由于采用 K - Means 方法进行聚类时，需要事先将马丁距离变换为欧氏距离，本章选择 K - Medoid 方法进行聚类。在马丁矩阵 D 上使用 K - Medoid 算法后，形成由 K 个 LDS 特征组成的码本。接着使用码书对每组触觉序列进行表征，得到外部特征为直方图

的系统包(Bag-of-System, BoS)模型。利用系统包模型与物体标签可以方便地训练分类器,实现对触觉序列的目标识别。对测试序列进行分类预测时,重复上述过程,将测试集的系统包模型送入分类器即可得到物体类型的标签。图3.4为基于机器学习的分类算法流程图。图中可以看到共进行了m次采集,而每次采集的触觉序列包含d个触觉子序列,由此形成$(m \times d) = md$个线性动态系统,而md个线性动态系统的观测矩阵用于聚类。

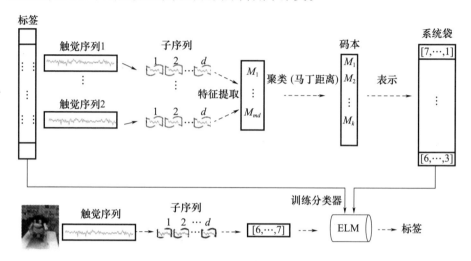

图3.4 基于机器学习的触觉目标识别流程

3.2 触觉信息的动态时间规整距离表示

触觉序列分类问题表述如下:给定N个训练时间序列样本$S_i \in \mathbf{R}^{d \times T_i}$,其中$d$是空间维度,$T_i$是序列的时间长度,样本对应的标签为$l_i$,其中$i=1,2,\cdots,N$。设计一个能对新加入的样本$S \in \mathbf{R}^{d \times T}$分类的分类器。显然,怎样挖掘序列间潜在的关联来设计一个稳健性分类器是个十分重要的问题。

每个手指的触觉时间序列分类建模原理如图3.5所示,单个手指的触觉传感器排列如图3.5左侧所示,24个传感器阵列按顺序排列成8×3的触觉序列,随着传感器和物体接触时间的推移,采集到的8×3的触觉序列不断增加。在建模过程中,将每个8×3的触觉序列按顺序排列成24×1的一列数据,如图3.5右侧所示,因此,单个手指单位时间采集到的触觉序列为一个24维的序列。

第 3 章 触觉目标识别

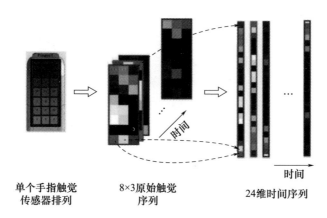

图 3.5 触觉序列融合原理图

在实验中每个触觉序列的时间维度为 72,灵巧手 3 个手指(手指 1、手指 2、手指 3,如图 3.6 所示)分别采集维度为 24 的触觉序列,每个触觉序列网格图如图 3.6 第二列所示,然后将 3 个手指采集到的 3 组序列按顺序并排组合成 72 维的触觉序列,具体原理如图 3.6 所示。

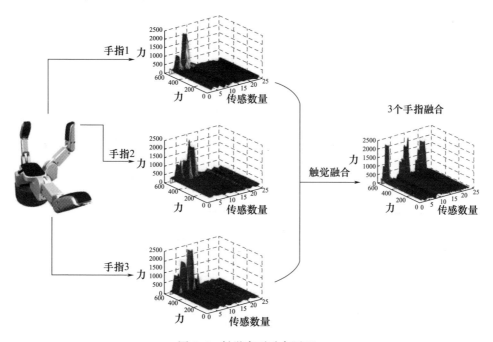

图 3.6 触觉序列融合原理

定义两个长度为 T_i 和 T_j 的时间序列 S_i 与 S_j 如下所示:

29

$$S_i = [S_{i,1}, S_{i,2}, \cdots, S_{i,T_i}] \quad (3-5)$$

$$S_j = [S_{j,1}, S_{j,2}, \cdots, S_{j,T_j}] \quad (3-6)$$

式中：$S_{i,T_i} \in \mathbf{R}^d$；$S_{j,T_j} \in \mathbf{R}^d$。$W$ 为 S_i 和 S_j 之间的路径，$w_k = (i,j)_k$ 为路径 W 的 k^{th} 个元素，K_w 是 W 的最后一个路径，因此得到

$$W = w_1, w_2, \cdots, w_{K_w}, \max(T_i, T_j) \leq K_w \leq T_i + T_j - 1 \quad (3-7)$$

所以最小匹配路径定义为

$$\mathrm{DTW}(S_i, S_j) = \min \sqrt{\sum_{k=1}^{K_w} w_k} \quad (3-8)$$

需要指出的是，虽然 DTW 距离匹配对于不等长的触觉时间序列能发挥最大优势，但是 DTW 距离不满足三角不等式和距离测度的性质。

3.3 基于最近邻的触觉目标识别

最近邻算法（K - Nearest Neighbor，KNN）是基于统计学的模式识别中的一种基本分类算法，有着良好的稳定性和清晰的概念性等诸多优点，是一种广泛使用的非参数算法。在正态分布和非正态分布的样本数据的使用中都有较高的分类准确率。该算法是基于原始空间的预处理过程，可以应用于非线性、非高斯函数以及多工况等过程中的建模问题，但是需要较大的计算量与存储空间。KNN 算法于 1968 年由 Cover 和 Hart 首次提出，是在向量模型空间下，假定训练集样本序列为 $E = E(h_1, h_2, \cdots, h_\chi)$，通过计算对比与训练集样本中的数据相似程度，并选取按照降序排列的 K 个样本作为特征向量，测试集样本的类别即由该特征向量空间进行的投票决定。如图 3.7 中 A 物体类别未知，在 L_1 层内表示在最相近的 3 种类别中比较选取与自己相似程度最高的作为自己的类别，也就是 3 - NN 算法，而在 L_2 层则表示与在相邻 5 种物体中选取和自身相似程度最高的来确定类别，就为 5 - NN 算法。对于近邻个数的选择，一般设定为奇数，这是防止在偶数时会导致物体被分成不同的两类。

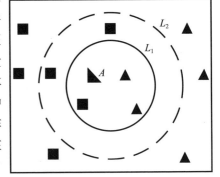

图 3.7　KNN 算法分类原理示意图

本书也使用最近邻算法对触觉序列整体进行分类处理，并且将分类算法与特征描述算法相结合提高识别的准确率。对于任意触觉序列使用线性动态系统（LDS）或者动态时间归整（DTW）进行特征表示后可以得到一系列样本特征，在

随机进行训练集和测试集的样本划分后,测试集中待测样本按照得票率来确定样本的物理标签。具体数据处理及分类结果将在实验验证部分进行详细描述。结合图 3.8,算法流程简介如下。

(1)设定训练集样本中的特征向量为 $\boldsymbol{F}_{\text{train}} = \boldsymbol{F}_{\text{train}}(f_1, f_2, \cdots, f_i, \cdots, f_m)$,训练集样本中物体标签为 $\{l_1, l_2, \cdots, l_m\}$,测试集样本中的特征向量 $\boldsymbol{F}_{\text{test}} = F_{\text{test}}(f_1, f_2, \cdots, f_j, \cdots, f_n)$,对于测试集中的任意样本 f_j,可以计算其与训练集样本特征的相似度(f_i, f_j)。

(2)选择 f_j 与相似度最高特征所对应的类别。

(3)计算 f_j 属于每一类的可能性权重 w_f,f_j 对应的物理标签 l_q 的权重计算公式为 $w_f(f_j, l_q) = \sum_{i=1}^{n} \text{vote}(f_i, f_j) \varphi(f_i, l_q)$,式中 $\text{vote}(f_i, f_j)$ 为投票权重参数,在这里设定为 1;$\varphi(f_i, l_q)$ 在 $f_i \in l_q$ 时值为 1,否则为 0。

(4)将 f_j 标记为最大权重所对应的物理标签。

(5)重复上述过程,最终输出测试集样本的分类标签。

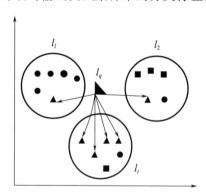

图 3.8 KNN 算法确定物理标签示意图

在本章后续的实验验证部分,将最近邻算法与两种触觉信息的表示算法相结合,分别构建 Martin – KNN 与 DTW – KNN 两种算法对触觉信息进行分类与识别,并将结果与使用基于机器学习的分类算法进行比较,以揭示算法的优良性能。

3.3.1 Martin – KNN 分类算法

对于提取特征存在于欧氏空间的分类算法,其特征之间的距离使用欧氏距离来衡量。然而,对于两个 LDS 的特征 $M_1 = (A_1, C_1)$,$M_2 = (A_2, C_2)$,存在于非欧氏空间中。参照文献[马蕊等,2015a]中的处理方法,使用马丁距离来进行

LDS 特征之间的距离衡量,得到如图 3.9 中的马丁距离矩阵,md 表示输入样本的触觉子序列个数。

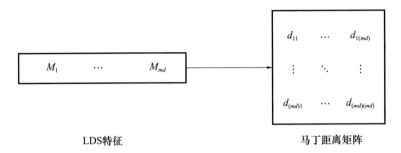

图 3.9　马丁距离矩阵定量示意图

马丁距离是基于两个系统之间的空间角定义的,这种空间角是观测子序列模型观测空间之间的夹角,又称为主成分角。在本书构建的系统中,即触觉序列的 LDS 特征之间的主角,该主成分角可以由下式进行定义:

$$\vartheta_\infty(M) = [C, (CA), (CA^2)^T, \cdots] \in \Re^{\infty \times n} \quad (3-9)$$

对于任意两个模型之间主成分角的计算,首先使用李雅普诺夫(Lyapunov)方程求解 P:

$$A^T P Q - P = -C^T C \quad (3-10)$$

其中

$$P = \begin{pmatrix} P_{11} & P_{12} \\ P_{21} & P_{22} \end{pmatrix} \in \Re^{2n \times 2n}$$

$$A = \begin{pmatrix} A_{11} & 0 \\ 0 & A_{22} \end{pmatrix} \in \Re^{2n \times 2n}$$

$$C = [C_1 \quad C_2] \in \Re^{p \times 2n}$$

然后使用下式计算子空间角 $\{\theta_i\}_{i=1}^n$ 的余弦值:

$$\cos^2 \theta_i = \text{ith eigenvalue}(P_{11}^{-1} P_{12} P_{22}^{-1} P_{21}) \quad (3-11)$$

最终可以得到两个 LDS 特征 M_1 与 M_2 之间的马丁距离 $d_M(M_1, M_2)$:

$$d_M(M_1, M_2)^2 = -\ln \prod_{i=1}^n \cos^2 \theta_i \quad (3-12)$$

使用上述步骤对于所提取出的 LDS 特征数据进行计算后,得到特征间的马丁距离:

$$D = \{d_m(M_i, M_j)\}_{i=1,j=1}^{i=md,j=md} = \{d_{ij}\}_{i=1,j=1}^{i=md,j=md} \quad (3-13)$$

参照图 3.10,Martin - KNN 算法整体构建流程简介如下。

(1)对训练集样本的触觉序列整体使用 LDS 进行建模,提取触觉序列的特征。

（2）使用马丁距离作为量度计算动态特征之间的距离。

（3）对测试序列进行分类预测时,重复上述过程,使用KNN算法进行分类器的训练,获得物体的预测标签。

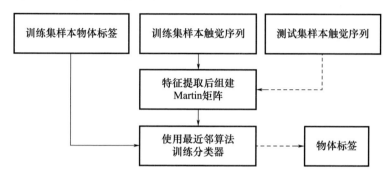

图3.10　Martin – KNN 分类算法流程图

3.3.2　DTW – KNN 分类算法

前面3.2节讨论了动态时间规整（Dynamic Time Warping，DTW）的触觉信息距离表征。这种基于动态时间规整的方法可以对时间序列进行弯曲和伸缩,对于长度不同的时间序列也具有较好的适用性,并且可以用于寻找时间序列之间的最佳匹配关系,具有较高的稳健性,最初广泛应用于声音信号的辨识。在本章中,将基于DTW触觉序列距离的度量与最近邻分类算法相结合构建DTW – KNN 算法来进行触觉时间序列的分类。

使用DTW算法来对触觉序列进行特征提取,对于距离的度量方法及计算过程如下:

首先寻找一种合适的距离作为DTW下界距离的量度,DTW的下界距离一般需要满足正确性、有效性和紧密性这3种要求,其中,正确性是指进行过滤处理后的下界距离中不可以漏掉任意一个满足条件的时间序列;有效性是指尽量减少DTW距离计算过程中所花费的时间和空间成本;紧密性则要求DTW距离与所计算的下界距离结果近似,这样可以使候选集在有限的空间中包含尽量多的可用数据,并且这样也可以减少后续计算的复杂程度。

假定使用$x_t(j)$代表触觉序列,其中$t(t=1,2,\cdots,n)$表示长度为n触觉序列的采样时刻,$j(j=1,2,\cdots,m)$则表示第j个变量,由此可知,$x_t(j)$为第j个变量在t时刻的触觉力值。如果$m=1$,则上式表示一元触觉序列,相应$m>1$时,表示多元触觉序列。本书中使用及构建的触觉数据维数均为$m>1$,所以均为多元触觉序列。触觉序列可由 $m \times n$ 矩阵进行表示,其中 m 表示维数,也为变量数,n 同上为触觉序列长度。两组触觉序列 $X = (x_1, x_2, \cdots, x_n)$,$Y = (y_1, y_2, \cdots, y_m)$ 之间 DTW 距离可以由下式进行定义:

$$D_{\text{DTW}}(X,Y) = D_{\text{base}}(x_1,y_1) + \min \begin{cases} D_{\text{DTW}}(X, Y[2:-]) \\ D_{\text{DTW}}(X[2:-], Y) \\ D_{\text{DTW}}(X[2:-], Y[2:-]) \end{cases} \quad (3-14)$$

式中:向量 x_i 和 y_i 之间的距离由 $D_{\text{base}}(x_1, y_1)$ 来进行表示。

如前所述,DTW 距离可以实现触觉序列之间变量的对应。这种匹配关系如图 3.11 所示,每种匹配都使用一条虚线来表示,称其为弯曲路径,弯曲路径有多条,但是这些弯曲路径与每个样本序列之间的对应关系是唯一的。弯曲路径也必须满足以下 3 点:保证序列的起始点与结束点相匹配,即由起点 (x_1, y_1) 开始,而由终点 (x_n, y_m) 止;弯曲路径上的任意相邻两点 (x_{i_1}, y_{j_1}) 与 (x_{i_2}, y_{j_2}) 之间满足下面两个不等式 $0 \leq |i_1 - i_2| \leq 1, 0 \leq |j_1 - j_2| \leq 1$;如果 $(x_{i_1}, y_{j_1}), (x_{i_2}, y_{j_2})$ 是弯曲路径上相连,则必须满足 $i_2 - i_1 \geq 0, j_2 - j_1 \geq 0$。

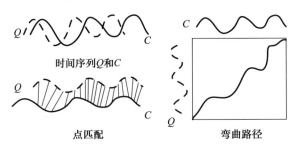

图 3.11 DTW 算法路径匹配示意图

使用 DTW 距离进行衡量后,满足上述 3 种条件的弯曲路径也并非唯一,假设弯曲路径满足 $W = (w_1, w_2, \cdots, w_k, \cdots, w_{K_w})$ 这一条件,而其中的 $w_k = (i,j)_k$ 表示满足 $\max(n,m) \leq K_w \leq n + m - 1$ 条件的路径中的第 k 个点。

DTW 距离可由 $\text{DTW}(X,Y) = \min \sum_{k=1}^{K_w} D_{\text{base}}(w_k)$ 来进行表示,在构造一组 $n \times m$ 的矩阵后使用 $\gamma_{i,j} = D_{\text{base}}(x_i, y_j) + \min\{\gamma_{i,j-1}, \gamma_{i-1,j}, \gamma_{i-1,j-1}\}$ 来对矩阵中的每组元素 $\gamma_{i,j}$ 进行定义,其中 $\gamma_{i,j}$ 表示两组触觉序列 $X[1:j]$ 与 $Y[1:i]$ 之间的 DTW 距离,并且可以使用动态规划法求解($D_{\text{DTW}}(X,Y) = \gamma_{m,n} \gamma_{m,n}$,去掉)。值得注意的一点是,当 DTW 算法在对两组不同长度的触觉序列进行比对时,计算复杂度较高,耗费时间较长。

参照图 3.12,DTW – KNN 算法整体构建流程简介如下。

(1)对训练集样本的触觉序列整体使用 DTW 算法进行建模,提取触觉序列

的特征 F。

（2）鉴于使用 DTW 进行特征提取的算法存在于欧氏空间，因此使用欧氏距离作为度量计算各特征之间的距离。

（3）对测试序列进行分类预测时，重复上述过程，使用 KNN 算法进行分类器的训练，选取与训练集样本特征中距离最小的样本作为物体标签。

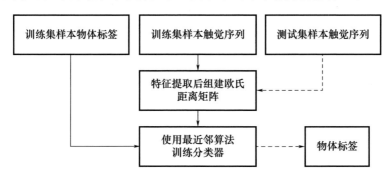

图 3.12　DTW – KNN 分类算法流程图

3.4　系统包

聚类是构建码书过程中不可或缺的一部分，并且聚类中心个数 k 的选取直接影响数据分类的准确性。1975 年，Hartigan 在其著作 *Clustering Algorithm* 中对聚类算法进行系统性描述。此后，大量不同类型的聚类算法被陆续提出。聚类算法的总体思想是对数据样本进行处理，使得类型相同数据之间的相似点尽量高，而不同类别数据之间的相似度尽量低。聚类分析是实现机器学习分类算法中重要的组成部分。

1) K – Means 聚类算法

K – Means 算法在进行大规模数据的聚类时具有快速、简单等诸多优点，是模式识别等领域广泛使用的聚类算法之一。1967 年，MacQueen 在总结 Fisher、Sebestyen、Cox 等科研成果的基础上，提出 K – Means 算法，并采用构造性方法证明了方法的收敛性。后续研究者对 MacQueen 提出的算法进行了优化，降低了算法的复杂度，并且提升了聚类效果。对于 K – Means 算法，聚类中心点的个数 k 需要预先确定，其算法步骤是：对于给定的 χ 个数据点集合 $H=\{h_1,h_2,\cdots,h_\chi\}$，族划分为 $C=\{C_1,C_2,\cdots,C_k\}$，族划分的均值向量 $\boldsymbol{\mu}_i=\dfrac{1}{|C_i|}\sum_{h\in C_i}h$，这些均值向量的选取原则是最小化平方误差，记为 W_χ：$W_\chi=\sum_{i}^{k}\sum_{h\in C_i}|h-\mu_i|_2^2$。

2) K – Medoid 聚类算法

相较于 K – Means 算法，K – Medoid 算法是一种基于数据划分的聚类算法，使用簇中最靠近样本中心的数据点来代表该簇，而不是使用数据点中心自身，以此避免噪声和冗余数据对于算法的影响。由于两个 LDS 特征之间的距离使用马丁距离进行衡量，而马丁距离存在于非欧氏空间，K – Means 需将上面进行计算的马丁距离转换到欧氏空间中，其过程较繁琐，并且 K – Means 算法自身也存在对于原始条件过度依赖的缺点。例如，聚类中心点数量 k 等都会对聚类效果造成影响。综合上述因素，这里使用 K – Medoid 算法完成聚类。

K – Medoid 算法包含多种运算形式，传统的以 PAM(Partitioning Around Medoids)算法为代表，它是 K – Medoid 算法最早提出来的 K – 中心点算法之一，本书算法对其进行调整以适应对于马丁距离矩阵的计算，K – Medoid 算法的步骤如下。

(1) 随机选取 K_m 个不同的 LDS 作为聚类中心点。

(2) 利用马丁距离将 LDS 数据集中剩余的数据按照与所选取的聚类中心点进行分组。

(3) 以每个数据点与距离它最近的聚类中心的马丁距离和最小为原则，更新每组数据样本的聚类中心点。

(4) 重复执行步骤(2)、步骤(3)，直至马丁距离和的变化满足小于某个阈值，完成数据聚类与中心点选取。

通过 K – Medoid 算法对 LDS 的观测空间数据采用马丁距离进行聚类，得到 K_m 个聚类中心，它们共同组成触觉序列系统包的 m 组特征向量，这样得到由 K_m 组 LDS 特征组成的码书(Codebook)，其结构如图 3.13 所示，$\{(A_i, C_i)\}_{i=1}^{K_m}$ 为表示 LDS 特征的元组，对于码书中的任意一组元组 (A, C)，称其为码词(Codewords)。

图 3.13 Codebook 结构组成示意图

K – Medoid 算法使用简单方便且易实现，但是在运行较大的数据时，算法的运算速度较慢，存在耗时的问题。使用码书对触觉序列进行表征后可以得到系统包模型 $\{BoS_i\}_{i=1}^m$，其中 m 为样本中触觉序列个数。这种表征方式外部体现为如图 3.14 所示的直方图模型，可由特征词频率算法得到。

假设在第 i 个触觉序列中，第 j 组码词出现的次数为 c_{ij} 次，则有

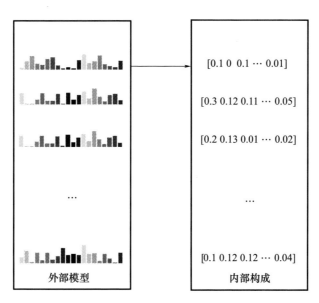

图 3.14　系统包直方图模型外观与内部组成

$$h_{ij} = \frac{c_{ij}}{\sum_{j=1}^{k} c_{ij}}, \quad i=1,2,\cdots,m; j=1,2,\cdots,K_m \quad (3-15)$$

式中：h_{ij} 为在第 i 组触觉序列中，第 j 组码词出现的概率；m 为样本中触觉序列个数。对第 i 个触觉序列，其特征向量即为 $\bm{h}_i = [h_{i1},\cdots,h_{iK_m}]^{\mathrm{T}} \in \mathbf{R}^{K_m}$。

经过上述过程，得到触觉序列系统包，它由 m 组 K_m 特征向量组成，可与物体标签一起送入分类器。下一部分将具体介绍 ELM 超限学习机分类器的基本原理。

3.4.1　超限学习机

神经网络发展至今已产生多种网络模型，其中具有代表性的有 BP 神经网络、RBF 神经网络、Hopfield 神经网络、双向联想记忆神经网络等。拓扑结构是神经网络的一个重要特性，可以按照连接方式将其分为前馈型神经网络和反馈型神经网络两类，而根据隐含层的个数，可将前馈型神经网络分为多层前馈与单层前馈两类。前馈型神经网络由输入层、隐含层和输出层三部分构成，并且输入层和输出层与外部相连，未与外部相连的部分即为隐含层。极限学习机（Extreme Learning Machine，ELM）为基于单隐层的前馈型神经网络，并且在保证较高准确率的情况下可以较快速地完成运算，其神经网络模型如图 3.15 所示。

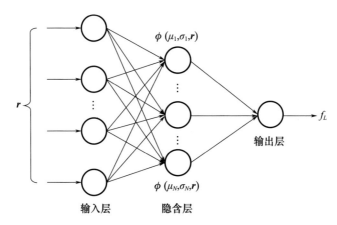

图 3.15　极限学习机的前馈神经网络模型

图中 r 代表触觉序列系统包的特征向量,作为超限学习机的输入,$\phi(\mu_i,\sigma_i,r)$ 是高斯核函数,定义如下:

$$\phi(\mu_i,\sigma_i,r) = \exp\left(-\frac{\|r-\mu_i\|}{\sigma_i^2}\right) \quad (3-16)$$

式中:μ_i 为高斯函数中心点;σ_i 为高斯函数的宽度。

极限学习机选用随机机制对参数进行选择和设置,并且在迭代过程中不会产生网络参量,在保证算法的泛化能力的同时也使学习速度大大提升。相较于传统的学习算法中的迭代方式,ELM 算法中的隐含变量成分采用随机产生的方式。将基于前向表达的神经网络非线性系统转化为使用最小二乘法进行求解的线性系统,此时,只需对线性系统的输出权重进行计算。该算法既适用于连续的可微函数,也克服了梯度下降学习算法不适用于不连续函数的缺点。

在本章中,采用 ELM 算法用于对触觉时间子序列进行算法分析,完成对于触觉数据集中物体类别的划分。

假定存在一组训练触觉数据集 $\{r_j,t_j\}_{j=1}^m$,则该触觉数据集可以使用具有 N 个隐层结点且扩展到 RBF 核函数的单隐层核函数网络(Single – hidden Layer Feedfordward Neural Network,SLFN)进行建模,函数模型如下式所示:

$$f = \sum_{i=1}^{N} \omega_i \phi_i(r) = \sum_{i=1}^{N} \omega_i \phi(\mu_i,\sigma_i,r) \quad (3-17)$$

式中:$\omega = [\omega_1,\omega_2,\cdots,\omega_N]^T$ 是连接核函数与输出神经网络的输出权重向量。

ELM 算法在使训练样本误差 $\xi = H\omega - T$ 的范数尽量小的同时,也使样本的输出权重最小,即最小化 $\|\xi\|^2$ 与 $\|\omega\|$ 的值,式中 H 为神经网络隐含层输出

矩阵,它可由下式进行表示:

$$H = \begin{pmatrix} \phi(\mu_1, \sigma_1, r_1) & \cdots & \phi(\mu_N, \sigma_N, r_1) \\ \vdots & & \vdots \\ \phi(\mu_1, \sigma_1, r_m) & \cdots & \phi(\mu_N, \sigma_N, r_m) \end{pmatrix}_{m \times N} \quad (3-18)$$

$$T = [t_1^T, t_2^T, \cdots, t_m^T]^T \quad (3-19)$$

$$\omega = H^\dagger T \quad (3-20)$$

式中:矩阵 $H^\dagger$ 为神经网络隐含层输出矩阵 H 的广义逆矩阵,在训练具有多输出结点的 ELM 分类器时遵循如下条件。

最小化为

$$l_{D_{ELM}} = \frac{1}{2} \|\omega\|^2 + C \frac{1}{2} \sum_{i=1}^{m} \|\xi\|^2 \quad (3-21)$$

约束条件为

$$\phi(\mu_i, \sigma_i, r) = t_i^T - \xi_i^T \quad (3.22)$$

式中:C 亦为惩罚参数,可由交叉验证获得;$\xi_i = [\xi_{i,1}, \xi_{i,2}, \cdots, \xi_{i,k}]^T$ 为训练集误差向量。此时,训练 ELM 分类器等效于解决下式的最优化问题:

$$l_{D_{ELM}} = \frac{1}{2} \|\omega\|^2 + C \frac{1}{2} \sum_{i=1}^{N} \|\xi\|^2 - \sum_{i=1}^{N} \sum_{j=1}^{m} \lambda_{i,j} (\phi(\mu_i, \sigma_i, r_i) \omega_j - t_{i,j} + \xi_{i,j})$$

$$(3-23)$$

式中:$\lambda_{i,j}$ 为训练样本相应的拉格朗日系数。当训练集样本规模不大时,可以得到下式进行描述:

$$\left(\frac{I}{C} + HH^T\right) \lambda = T \quad (3-24)$$

并可以由此得到

$$\omega = H^T \left(\frac{I}{C} + HH^T\right)^{-1} T \quad (3-25)$$

此时,ELM 算法的输出函数可以表示为

$$f = \phi(r) H^T \left(\frac{I}{C} + HH^T\right)^{-1} T \quad (3-26)$$

使用 $\Omega_{ELM} = HH^T$ 对极限学习机的核函数矩阵进行定义,并且满足以下核函数公式 $\Omega_{ELMa,b} = \phi(r_a) \phi(r_b) = K(r_a, r_b)$。使用核函数的 ELM 分类器输出函数可以按照下式进行定义:

$$f = [K(r, r_1) K(r, r_2) \cdots K(r, r_m)] \left(\frac{I}{C} + \Omega_{ELM}\right)^{-1} T \quad (3-27)$$

通过上述算法可完成对具有多输出结点的 ELM 分类器的训练,并且可以对测试集样本的物理标签进行预测。所预测的标签即为输出的结点所对应的索引,此索引对应式(3-27)中最大的输出值,且有 $l_{test} = \arg \max f_j, j \in \{1,2,\cdots,m\}$,式中 f_j 是第 j 个输出节点的输出函数。

3.4.2 数据集

为揭示提出算法的性能,使用 5 组触觉数据集对上述算法进行实验验证。为方便进行描述,将数据集分别命名为 SD-5、SPr-7、SD-10、SPr-10 与 TSH-16。TSH-16 为本书自主构建的触觉数据集,5 组数据集组建所使用的灵巧手类型、抓取部位以及触觉数据维数、抓取的实验物体个数以及样本规模如表 3.1 所列。

表 3.1 组触觉样本集特征总结

数据集	类型	抓取部位	维数	物体数	样本数
SD-5	Schunk-3	手指	Total 486	5	360
SPr-7	Schunk-2	手指	Total 128	7	70
SD-10	Schunk-3	手指	Total 486	10	100
SPr-10	Schunk-2	手指	Total 128	10	100
TSH-16	Barrett-3	手掌	Total 24	16	800

如前所述,下列因素会对使用 SVM 及 ELM 方法进行分类的准确率造成影响:窗函数宽度 L,聚类中心数 k 以及分类器自身参数;对于基于最近邻的分类算法,最近邻个数 K 的选取也会对数据分类造成影响。

首先,其余参数固定不变,使用网格法对分类器的参数进行调节。对于 SVM 分类器,记录最优准确率下的 SVM 自身 C、γ 参数,在后续参数调节过程中,C、γ 参数固定不变;对于 ELM 分类器,参数 C、N 会对分类结果的准确率造成影响。改变窗函数宽度 L,并记录不同窗宽下的分类准确率,为了保证 SVM 与 ELM 算法的可比性,除分类器自身的参数选择不同外,对于触觉训练集和测试集样本的选择均相同。

以 SPr-10 数据集的测试集样本为例,为了减小样本之间的差异,对每种窗宽取值是在相同的分类器参数下,对于随机选取的训练集和测试集数据进行 10 次分类实验,并对准确率求取平均值。图 3.16 为 SVM 与 ELM 分类算法使用网格交叉验证算法在不同参数下获得的准确率曲线示意图,按照 6∶4 进行训练样本和测试样本的划分,图中横纵坐标以 2 的指数形式递增。

通过观察 SPr-10 数据集在不同参数下的分类准确率三维示意图可知,在不同的 SVM 和 ELM 分类参数下,算法所训练出的分类器对物体的识别能力是

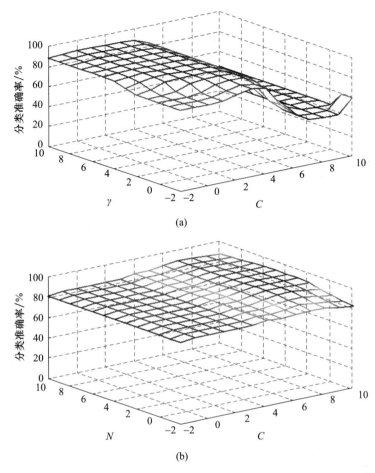

图 3.16 数据集 SPr-10 在不同分类器参数下的准确率三维曲线
(a) SPr-10 在 SVM 不同参数下的分类准确率曲线;
(b) SPr-10 在 ELM 不同参数下的分类准确率曲线。

有差距的,这种差距在 SVM 算法中表现的相对明显,而 ELM 的分类曲线较为平滑,这说明,相对于 SVM 分类算法,ELM 分类算法来进行触觉序列的物体识别所获得的识别率稳定性较好。

3.4.3 实验结果

在实验验证部分,使用由不同触觉传感器搭载灵巧手所采集的触觉数据来构建的触觉数据集(SD-5、SPr-7、SD-10、SPr-10 与 TSH-16)对 SVM 和 ELM 分类算法进行评估,并在不同 K 值下使用 Martin-KNN 与 DTW-KNN 算法对上述算法的分类能力进行对比,选取 5 组数据集在各算法下的最优准确率进行汇总,不同方案下最优的准确率如表 3.2 所列。

表 3.2 在不同算法下 5 组数据集的最优分类准确率对比

数据集/算法/%	ELM	SVM	Martin – KNN	DTW – KNN
SD – 5	88.19	83.82	87.50	65.56
SPr – 7	98.57	97.50	82.14	81.43
SD – 10	81.95	80.25	80.00	79.00
SPr – 10	89.50	83.25	87.50	79.25
TSH – 16	88.15	82.28	73.38	71.86

为保证数据的可比性,使用机器学习的分类算法与使用最近邻算法进行数据处理的数据是相同的:对于任意一组数据集,在不同聚类中心点 k 与 K 值下的计算都是使用相同的训练集和测试集,对于每组准确率的计算都使用相同的随机选择的 10 组训练集和测试集来计算均值。通过对比各类算法分类准确率以及对最优分类使得混淆矩阵可知,使用 ELM 分类器进行物体分类所获得的识别率优于使用 SVM 分类器所获得的准确率,并且显著优于 Martin – KNN 及 DTW – KNN 算法,分类性能也很稳定。

将 5 组数据集在不同算法下进行最优分类时的混淆矩阵进行对比可知,SVM 分类算法较不同 K 值下的 Martin – KNN 和 DTW – KNN 算法,对于物体的识别率有了显著提升,而 ELM 分类算法较 SVM 分类器的识别能力又有提升。但是,将触觉数据进行分段处理后进行分类的算法并不能提高对每一种物体的识别能力,部分物体的识别能力发生了下降。如前所述,这可能是在聚类计算过程中,两种物体的 LDS 特征距离较近,在进行聚类的过程中,可能有误分的情况发生。但综合对比各种情况,ELM 分类器优势明显,因而,基于机器学习的算法分类能力也较传统最近邻算法有显著提升,但是使用 Martin 算法进行距离衡量相对耗时。

本章针对触觉信号的时序特点,提出一种触觉目标识别方法,包括触觉序列的线性动态系统 LDS 建模、所有触觉子序列 LDS 观测数据的马丁距离聚类、系统包码书的建立、超限学习机分类等过程。通过对比各类算法分类准确率以及对最优分类使得混淆矩阵可知,使用 ELM 分类器进行物体分类所获得的识别率优于 SVM 分类器、Martin – KNN 和 DTW – KNN 算法,并且分类性能也很稳定。

第 4 章 触觉感知的深度学习方法

深度神经网络(特别是卷积神经网络)已成功应用到图像分类、语音识别、自然语言处理等领域中。然而,如何将深度学习方法应用到触觉数据的分析目前还鲜有研究。本章将详细介绍如何构建三分支卷积网络来实现触觉序列的特征提取与目标特性识别,它具有以下 3 项优点。

(1)触觉流时空分解。考虑到触觉数据的本质特征,提出空间线程(即单帧)和时间线程(即触觉流与帧间差分)来有效描述触觉序列的时空分布特性。

(2)无迭代随机映射。为了高效地产生具有强输入不变性的普适触觉特征集,提出随机离散卷积神经网络,即 Randomized Tiling Convolution Network (RTCN),分别对时间和空间线程进行无迭代的卷积和池化操作。

(3)层级化融合策略。为实现快速识别,针对时间特征进行岭回归(Ridge Regression),借助超限学习机进行时空特征融合,并在最后利用两层随机多数池化法从帧预测中提取基于序列的归一化预测结果。

本章首先介绍随机离散卷积神经网络。作为三分支卷积网络的主要组件,随机离散卷积神经网络与传统卷积神经网络存在明显不同,具有更高的计算效率。其次,描述三分支网络最重要的一个输入分支——触觉流。触觉流能描述触觉的动态变化过程,为后续具有触觉数据的目标识别提供必要的线索。然后,给出三分支卷积网络的具体网络结构和训练方法。最后,通过典型实验验证三分支卷积网络的有效性。

4.1 随机离散卷积神经网络

传统卷积网络具有两大基本操作(卷积与池化)和两个基本理念(局部感受野与权重无差别共享)。局部感受野使每一个池化中心仅仅可见一小部分的输入,从而保证计算高效性和算法可扩展性。权重共享机制迫使每一个卷积节点使用相同的权重以达到大规模减少可调节参数的数目。这里提出的 RTCN 是对传统卷积网络的一次扩展,如图 4.1 所示。为了学习超完备的特征表征,卷积层可以有 $F \geq 2$ 个不同的特征映射;紧随其后的池化操作(如平均池化和最大池化)仅作用于局部区域,其主要目的是降低特征维度和引入平移不变性。由此可见,RTCN 实际上是一个加入了卷积权重离散共享和卷积权重正交随机初始化机制的卷积神经网络。

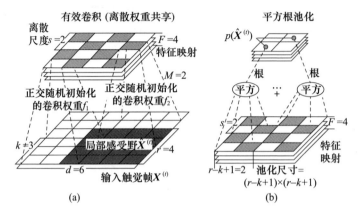

图 4.1　RTCN 网络示例:采用有效卷积与平方根池化操作,从而将平面维度是 $d \times d$ 的输入帧转化为 $(d-r+1) \times (d-r+1)$ 大小的特征映射(见彩插)

(a)卷积操作是由一系列参数定义的,它们包括离散尺度 s、特征映射数目 F、输入帧尺寸 $d \times d$ 以及卷积核尺寸 $k \times k$;(b)尺寸为 $(r-k+1) \times (r-k+1)$ 的平方根池化操作子相当于在原始输入帧上定义一个局部感受野 $r \times r$。

4.1.1　卷积权重离散共享

传统卷积神经网络的池化操作每一次都作用于相同的权重卷积结果之上,因而,只能在比较小程度上耐受平移变化,从而无法处理更剧烈、更全局的输入变化。Ngiam 等(Ngiam J,et al,2012a)着重研究了此问题,并提出一种名为离散权重共享的机制。所谓离散权重共享就是说仅允许间隔距离为 s 的两个卷积区域使用相同的权重(参见图 4.1 中相同颜色的区块)。这种机制引入多种不同的权重,增强卷积神经网络在应对更复杂输入变化的能力。

在 RTCN 中,采用被广泛使用的有效卷积操作。若记卷积权重矩阵为 f,也就是说,在用 f 卷积局部感受野的过程中,不使用边缘部分补零来计算卷积结果。进一步规定,在 RTCN 中采用平方根池化操作,那么,对于第 t 个触觉帧 $x^{(t)} \in \mathbf{R}^{d \times d}$,每个池化中心仅可见一个局部感受野 $\hat{x}^{(t)} \in \mathbf{R}^{r \times r}, r \leq d$,如图 4.1 所示。当共享权重离散度 $s \geq 2$ 时,将 M 个不同的卷积权重 $f_1, f_2, \cdots, f_M \in \mathbf{R}^{k \times k}, k \leq r$ 与 $\hat{x}^{(t)}$ 进行卷积,从而得到以下池化结果:

$$p(\hat{X}^{(t)}) = \left[\sum_{m=1}^{M} \sum_{i,j \in L_m} (f_m *_v \hat{x}^{(t)})^2_{\langle i,j \rangle} \right]^{1/2} \quad (4-1)$$

式中:L_m 表示一系列被 f_m 卷积的区域,这些区域记为 $<i,j>$;用 $*_v$ 表示有效卷积操作。当 s 取不同值时,相当于在调解模型不变性和复杂度之间做出选择。特别地,当 $s=1$ 时,相当于所有的权重都是一样的,那么,式(4-1)就可以简化为

$$p(\hat{X}^{(t)}) = \left[\sum_{i=1}^{r-k+1} \sum_{j=1}^{r-k+1} (f *_v \hat{x}^{(t)})^2_{\langle i,j \rangle} \right]^{1/2} \quad (4-2)$$

在选择参数 s 的过程中,一般认为,将 s 设为与池化操作区域同样的尺寸(即 $s=r-k+1$)是一种比较自然的选择,因为这样一来池化操作就会一直作用在权重非共享区块。值得注意的是,s 的值越大虽然可能为模型带来更好的不变性,但同时也更易于使模型过拟合。

4.1.2 卷积权重正交随机初始化

采用离散权重共享机制的卷积神经网络可能需要更长的时间来实现非监督的预训练(Pre-train)和监督的微调节(Fine-tune)。如果卷积操作从二维扩展成了三维,计算效率问题将变得更加严重。某些特定结构的卷积网络并不需要任何显式的卷积权重迭代调节就可与同类经过长时间调节的网络相媲美(这里主要以网络的鉴别力来衡量)(Saxe A,et al,2011a)。显然,RTCN 的任何一个卷积权重矩阵 f_m 在同一特征映射(Feature Map)中是共享的,而在不同的映射中是各不相同的,因此可以把存在于不同映射中的 f_m 简单记为 $\hat{f}_m^{int} \in \mathbf{R}^{k^2 \times F}, m=1,2,\cdots,M$,并且所有 f_m 在随机初始化的时候都是服从标准高斯分布的。

根据文献(Ngiam J,et al,2012a)中的建议 $\hat{f}_m^{int}$ 必须是正交的,以提取更多更完备的隐含特征;对于任意两个不相交的局部感受野,它们对应的卷积权重是天然正交的。此外,不用正交化部分相交感受野的权重其实也能学习出信息量丰富的唯一特征表达。正是鉴于这两个原因,只需要将作用于同一个映射的权重(即 $\hat{f}_m^{int}$ 的每一列)正交化就可以了。所以,可以用奇异值分解(SVD)法来正交化不同映射中作用于相同感受野的权重,这种局部正交化操作显然效率很高,具体做法就是奇异值分解之后的每一列作为 $\hat{f}_m^{int}$ 的正交基。

4.1.3 RTCN 的输入频率选择性分析

为了说明具有随机权重的卷积神经网络(特指有效卷积和平方根池化)对于那一类输入信号具有选择性,Saxe 等学者(Saxe A,et al,2011a)从数学上正式证明此类网络的频率选择性和平移不变性,主要结论如下。

定理 1 令 $p(\hat{x}(t))$ 为作用于某二维感受野 $\hat{x}(t) \in \mathbf{R}^{r \times r}$ 的任一有效卷积所产生的池化结果,同时假设 $f \in \mathbf{R}^{k \times k}, k \leq r$ 的零频率分量不是最大分量,那么,必

然存在余弦形式且范数等于1的输入$(\hat{x}(t))^{\sin}$（参数为v、h和ϕ），它对于$p(\hat{x}(t))$上的有效卷积能产生接近最大响应：

$$(\hat{X}^{(t)})^{\sin}[a,b] = \frac{\sqrt{2}}{r}\cos\left(\frac{2\pi av}{r} + \frac{2\pi bh}{r} + \phi\right) \qquad (4-3)$$

定理1中的变量ϕ并未指定所在周期，因而此结构具有平移不变性；同时注意到$p(\hat{x}(t))$对卷积权重中的最大频率能产生接近最优的响应，进而证明其频率选择特性。针对离散权重共享（$s \geq 2$）的卷积神经网络，可能在同一个局部感受野$\hat{x}(t)$中存在M个不同的权重$f_{m=1,2,\cdots,M}$。

定理2 令$p(\hat{x}(t))$为作用于某二维感受野$\hat{x}(t) \in \mathbf{R}^{r \times r}$的任一有效卷积所产生的池化结果，并且此感受野中适用M个不同的权重$f_{m=1,2,\cdots,M}$；同时假设f_m的零频率分量不是最大分量，那么，$p(\hat{x}(t))$将对余弦形式输入经一系列权重$f_{m=1,2,\cdots,M}$卷积后的最大频率产生接近最优的响应。

通俗地说，定理2可以基于两个事实来证明：①定理1仍然对于每个卷积节点来说是成立的；②平方根池化是一个单调递增函数。这种频率选择特性对任意卷积权重都是成立的，因此，它也同样适用于随机权重。除了频率选择性，所提取特征的多元不变性最近已被证实能够帮助大大减少训练样本数量与复杂度（Anselmi F，et al，2015a）。

4.2 触觉流

触觉流（Tactile Flow）的概念最初是由Bicchi等（Bicchi A，et al，2008a）提出的，但他们的研究重点主要在分析触觉幻觉现象。触觉流其实与光流的视觉模型密切相关，受其启发，用相类似的方法计算帧间触觉流，并把它作为一个时间特征描述子。由于机器人触觉信号读数几乎不受诸如颜色和光照等因素的影响，经过试验发现，有些在视频领域比较先进的光流模型可能对触觉认知效果并不理想，还需要更多的计算负担。因此，在基于Horn等（Horn B K，et al，1981a）提出的理论方法上减去平均触觉流，并且将多个连续的触觉流叠加。

如图4.2所示，用$u(x^{(t)})$来表示两帧相连触觉帧$x^{(t)}$和$x^{(t+1)}$之间所计算得到的触觉变化；用符号$u(x_{i,j}^{(t)})$来表示位于位置$<i,j>_{i,j=1,2,\cdots,d}$的向量。触觉流的水平分量与垂直分量$u_h(x_{i,j}^{(t)})$和$u_v(x_{i,j}^{(t)})$，被分别视作RTCN中的独立通道。考虑到整体触觉流可能由一个特定的方向占主导（例如突然在某个方向的滑移或由不稳定抓取引起），这样的情形在卷积神经网络中是需要避免的。对于卷积神经网络来说，经过中心归一化（Zero-centering）的输入可以更好地利用整流非线性（Rectification Nonlinearities），因此需要为每一帧计算平均触觉流并将

其从 $u(x_{i,j}^{(t)})$ 减除。另外,为了表征连续多帧之间的动态变化,还将连续多个触觉流按顺序叠加在一起形成一种栈式结构,具体到触觉帧 $x^{(t)}$,其对应的触觉流栈(Tactile Flow Stacking) U_t 具有如下形式:

$$U_t(i,j,2t'-1) = u_h(x_{i,j}^{t+t'-1}), U_t(i,j,2t') = u_v(x_{i,j}^{t+t'-1}) \quad (4-4)$$

式中:$U_t(i,j,2t')_{t'=1,2,\cdots,n}$ 表示点 $<i,j>$ 的压力在 n 个触觉帧间的动态变化。根据式(4-4)可知,在 U_t 中共有 $2n$ 个输入通道。

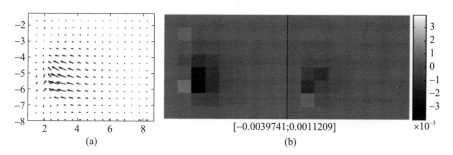

图 4.2 两帧相连触觉帧 $x^{(t)}$ 和 $x^{(t+1)}$ 之间的相应触觉流的可视化
(a)触觉流向量 $u(x^{(t)})$;(b)触觉流 $u(x^{(t)})$ 的水平分量与垂直分量。

4.3 三分支卷积网络

本章提出的三线程 RTCN(3T-RTCN)是建立在触觉序列时空分解基础上的。相较于视频序列,由于触觉数据的相对低维和缺乏多样性的特点,通过前期实验发现,使用多于一层的 RTCN 结构并不能有效增加最终识别率。因此,在每一个时间或空间线程中,仅采用单层 RTCN 网络,如图 4.3 所示。沿用之前定义过的数学符号,空间线程由一个四元参数组来定义:(F_s,k_s,r_s,s_s),而两条时间线程分别由一个四元参数组来定义:$(F_{tf},k_{tf},r_{tf},s_{tf})$ 和 $(F_{id},k_{id},r_{id},s_{id})$。以下章节统一把输入触觉序列记为 $\aleph = \{(x^{(t)},y^{(t)})|x^{(t)} \in \mathbf{R}^{d\times d}, y^{(t)} \in \mathbf{R}^l, t=1,2,\cdots,N\}$。

4.3.1 空间特征提取分支:触觉单帧

由于静态触觉力的分布本身就是对所抓取物体的一种有效描述,这里将空间线程设计为作用于单个触觉帧。空间 RTCN 线程的输出实质上是产生一个针对空间描述的特征空间 $\mathbf{P}_s$,即

$$\mathbf{P}_s = \begin{bmatrix} p(x^{(1)}) \\ \vdots \\ p(x^{(N)}) \end{bmatrix} = \begin{bmatrix} p_1(x^{(1)}) & \cdots & p_F(x^{(1)}) \\ \vdots & & \vdots \\ p_1(x^{(N)}) & \cdots & p_F(x^{(N)}) \end{bmatrix} \quad (4-5)$$

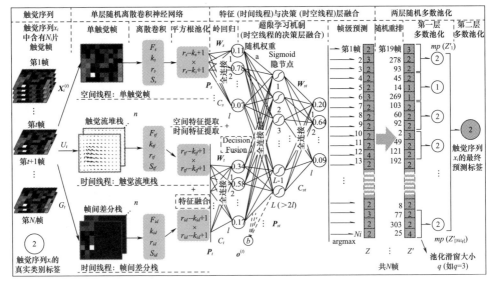

图4.3 三线程RTCN(3T-RTCN)结构示意图
(仅使用第i条触觉序列x_i来举例,此外,本方法在后续处理中不再区分不同的触觉序列,直到最后的两层随机多数池化步骤)

当单触觉帧$x^{(t)}$输入至一个有F个映射的RTCN时,就产生所谓的"联合池化激活"$p(x^{(t)}) = [p_1(x^{(t)}), p_2(x^{(t)}), \cdots, p_F(x^{(t)})]$,这是一个拼接所有池化输出的行向量。对于第$i$个特征映射来说,$p(x^{(t)})$也是一个拥有$(d-r+1)^2$个池化激活的行向量。$P_s$中的行向量与$l$个输出节点(表示$l$个目标物体类别)全连接,并且这些全连接上的权重记为W_s。特别要指出的是,输出权重$W_s \in \mathbf{R}^{[F \times (d-r+1)^2] \times l} = [w_1, w_2, \cdots, w_{F \times (d-r+1)^2}]$可以经由任意一种监督式的学习算法(如岭回归算法)来获得。进一步优化W_s,具体形式为

$$W_s = \begin{cases} P_s^T \left(\dfrac{I}{C} + P_s P_s^T \right)^{-1} Y, & N \leq F \times (d-r+1)^2 \\ \left(\dfrac{I}{C} + P_s^T P_s \right)^{-1} P_s^T Y, & N > F \times (d-r+1)^2 \end{cases} \quad (4-6)$$

式中:Y被定义为$[y^{(1)}, y^{(2)}, \cdots, y^{(N)}]^T_{N \times l}$。为了保证求解的稳定性,协方差矩阵上加上了一个包含相同数目小正数的矩阵I/C。根据式(4-6),当训练数据集变得很大时,应当使用其中第二个解析式来求解,以大幅度降低运算代价(图4.4)。

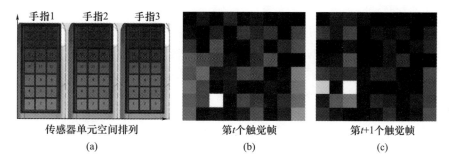

图 4.4　使用 Barrett 灵巧手（BDH）采集触觉序列的例子

（a）三指 Barrett 灵巧手的每一个指尖都装配有 8×3 大小的触觉传感器阵列，它们的实时输出按照手指的空间位置拼接起来，形成一帧二维信号（即触觉帧）；
（b）、（c）将其中连续的某两帧可视化成灰度图，较亮的单元表示较大的法向压力值，而暗的单元表示较小的法向压力值，因此这些明暗分布的空间结构中隐含了所抓取物体的某些表面物理特性。

4.3.2　时间特征提取分支：触觉流 + 帧间差分

只使用触觉单帧信息无法刻画触觉力的动态变化，因此，额外考虑利用触觉流和帧间差分来提取时间维度上的信息。对于触觉流，将式（4-4）作为触觉流堆栈输入。

相邻帧间差分已被广泛用于检测视频中的移动目标，其性能在理想的条件下可以满足一般应用要求，但这种方法对光照变化特别敏感。与视频数据不同，触觉读数只对抓取力度产生响应，因此，触觉强度差也是一种关于力的强度和分布变化的有效信息表征。为了消除噪声残留，一般还需要进行阈值滤波。用 $g(x^{(t)})$ 来表示 $x^{(t)}$ 和 $x^{(t+1)}$ 之间的帧间差分，其在每一点 $<i,j>$ 的数值设为 0，除非出现以下情形：

$$g(x_{i,j}^{(t)}) = x_{i,j}^{(t)} - x_{i,j}^{(t+1)}, \ |x_{i,j}^{(t)} - x_{i,j}^{(t+1)}| \geqslant T \qquad (4-7)$$

与触觉流堆叠方法类似，这里也可以把 n 个相邻的帧间差分构成栈式结构，从而在更高层面保留时间动态信息；由下式可知，与第 t 个触觉帧对应的帧间差分栈 G_t 包含 n 个通道：

$$G_t(i,j,t') = g(x_{i,j}^{(t+t'-1)}), \ t' = 1, 2, \cdots, n \qquad (4-8)$$

4.3.3　层级化特征融合

层级化特征融合策略主要是为了将各个线程提取的零散特征递进地批量融合为预测信号，它包括 3 个部分或层次：时间特征融合、时空特征融合以及帧预测融合。下面将分别对它们进行简要介绍。

1) 时间特征融合

时间特征融合是将两条时间线程的最后池化输出拼接起来形成一个联合时间特征空间,记为 P_t,它的行向量与 l 个输出节点全连接,其输出连接权重(W_t)是随机初始化的,然后用类似式(4-6)来进行优化。

2) 时空特征融合

时间与空间线程最终会分别输出 l 个置信值,将它们拼接起来就产生了 $2l$ 维的联合时空决策空间,在图 4.3 中将其记为 $o^{(t)} \in \mathbf{R}^{2l}$。为了用一种复杂的非线性函数来融合空间和时间决策置信值,采用一个含有 L 个隐层节点与 l 个输出节点的超限学习机(ELM)来完成时空特征融合步骤;对于隐层节点,考虑到 Sigmoid 激活函数已经被证明了普遍的逼近和分类能力,因此,此处统一使用 Sigmoid 函数作为隐层节点的激活函数,因此第 i 个隐层节点的激活函数为

$$\mathrm{Sig}(a_i, b_i, o^{(t)}) = \left[1 + \mathrm{e}^{-(a_i \cdot o^{(t)} + b_i)}\right]^{-1} \quad (4-9)$$

式中:参数 $\{a_i, b_i\}_{i=1,2,\cdots,L}$ 是随机产生的,服从任何连续概率分布均可。到这里,时空特征空间 $\boldsymbol{P}_{st}$ 就可以表示为

$$\boldsymbol{P}_{st} = \begin{bmatrix} \mathrm{Sig}(a_1, b_1, o^{(1)}) & \cdots & \mathrm{Sig}(a_L, b_L, o^{(1)}) \\ \vdots & & \vdots \\ \mathrm{Sig}(a_1, b_1, o^{(N)}) & \cdots & \mathrm{Sig}(a_L, b_L, o^{(N)}) \end{bmatrix} \quad (4-10)$$

关于参数 L 的选择,则是通过交叉验证的方式从 5 个候选值集合 $\{100, 200, 300, 400, 500\}$ 中挑选最优值;时空融合的输出权值 W_{st} 由式(4-5)负责调节。

3) 帧预测融合

通过下式来预测第 t 个触觉帧 $x^{(t)}$ 的所属物体类别:

$$\mathrm{label}(x^{(t)}) = \arg \max_{y \in \{1,2,\cdots,l\}} \left[\mathrm{Sig}(a, b, o^{(t)}) \cdot W_{st}\right] \quad (4-11)$$

第 i 个触觉序列 x_i(假设其中包含有 N_i 个触觉帧)生成了 N_i 个预测标签。已知同一个触觉序列中的触觉帧都是通过抓取或操作同一种物体而采集到的,因此,采用两层随机多数池化来预测整条序列的预测标签;使用多于一层的结构主要是为了增强最终预测的准确性与稳定性。特别地,N_i 个帧预测类别(记为集合 Z)先进行随机排序,产生一个新集合 Z',随后在第一层中,通过一个大小为 q 的滑动窗口进行无重合的平移池化运算(即在每一个窗口可视范围内选出出现频次最高的那个标签作为局部输出)。第一层因而可以产生 $\left\lceil \frac{N_i}{q} \right\rceil$ 个新标签,它们继续在第二层中被多数池化:

$$\mathrm{label}(X_i) = \mathrm{mp}\left[\mathrm{mp}(Z'_1), 2, \cdots, \mathrm{mp}(Z'_{\lceil N_i/q \rceil})\right] \quad (4-12)$$

式中:符号 $\mathrm{mp}(\cdot)$ 表示多数池化(Majority Pooling)操作。

4.4 实验验证与分析

本节首先简要介绍从不同的机器人和实验装置平台上采集的真实触觉数据集,然后说明实验环境和参数设置,最后详细介绍各项试验结果及其分析。从识别率的角度出发,实验分析主要包括以下几方面。

(1)算法不变性与卷积权重共享离散度 s 之间的关系。

(2)找出针对每个触觉数据集(对应于不同的任务)的较优 3T-RTCN 参数设置。

(3)发掘空间和时间信息对 3T-RTCN 的贡献分别是什么,哪一种比较重要些。

(4)确定触觉流和帧间差分的最优堆栈大小。

(5)卷积权重的非监督预训练和监督微调节到底给识别率带来怎样的影响。

(6)卷积神经网络的微观融合的性能在处理同样问题的性能如何。

(7)在触觉数据批量建模方面的方法与现在已知的最新最先进的模型有何差异。

(8) 3T-RTCN 对模拟的传感器噪声稳健性评价。

(9) 3T-RTCN 对于丢帧和局部传感器故障的容错能力评测。

4.4.1 实验基准数据集

将 3T-RTCN 及其对比方法在 7 个不同规模、复杂度的触觉数据集上进行测试。这些数据集均是从机器人自主操作任务中采集的,代表不同的任务复杂性和多个不同的应用场景。所有的触觉数据都进行[0,1]范围内的归一化,其中,SD-5、SPr-7、SD-10、SPr-10 与 TSH-16 等数据集的详细介绍如表 3.1 所列。

HCs10 数据集所使用的电容式触觉传感器阵列是一种新型的油聚二甲基硅氧烷微针结构组成的弹性传感器(Zhou Y,et al,2012a)。原型传感器有 4×4 个感知单元,每一个单元的尺寸为 0.7×0.7。这种触觉感受单元的输出信号相较于其他传统传感器具有更好的可重现性、灵敏性以及稳定性。如图 4.5 所示,实验共测试了 10 种具有不同表面特性的物体,如木头、金属、布料、塑料以及泡沫。在定量数据采集过程中,为了保证每一个物体最终施加与触觉传感器的力度是完全一样的,使用 Handpi 电子测试平台,如图 4.5 所示,在其滑轨基座上固定有测力计,并且能够以某可调节的速度垂直上下移动。物体被一金属夹固定于测力计末梢,并缓慢向下朝着触觉传感器以一恒定缓慢的速度移动。规定当所测得的法向压力达到 5N 时,测力计运动便自动停止;从初始接触传感器直到测力计停止向下运动的整个过程所产生触觉信号输出都被不间断地记录下来。每种物体有 3 种不同的方向摆位,并且每个方向重复下压 3 次,如此便针对每种物体产生 9 条触觉序列。为了进一步提升数据复杂度和识别任务的挑战性,每个物体又重复在 3 个方向测试 9 次,不同的是,就在测力计下压动作停止的一瞬间,人为给物体施加一水平力 P,致使其在当前角度上产生水平滑动位移。综上所述,HCs10 数据集中的每一个物体都对应存在 18 条触觉序列(9 次稳定接触 + 9 次接触后滑动)。从某个单体触觉单元的输出信号来观察,当产生滑动时,一般会在其输出信号上产生一波谷,而这种现象在稳定接触的信号中是难以见到的。

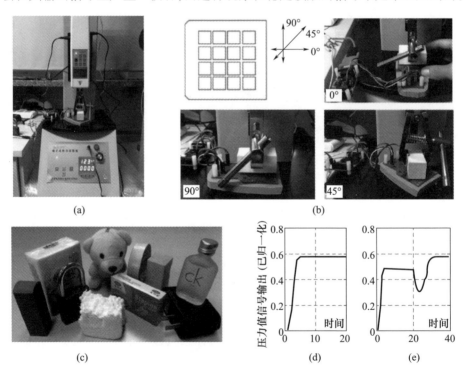

图 4.5　HCs10 数据集采集过程

(a) Handpi - 50 电子拉力试验机平台;(b) 接触或者滑动过程的物体摆放角度:0°、90°、45°;
(c) 10 种被测试物体;(d) 传感器单元在与物体稳定接触情形下的输出信号;
(e) 同一个传感器单元在与物体产生相对滑动的情形下输出的信号。

4.4.2 实验配置与参数设定

在具体编码的过程中,通过整合开源组件功能性代码实现3T－RTCN框架。3T－RTCN框架的主要参数,诸如图4.3中各个线程的 F、k、r、s、C 和 L,是通过在单独的验证数据集上进行网格搜索与人工搜索相结合的方法来实现的。通常由于较大的参数空间、大量的训练数据,神经网络的参数寻优过程非常耗时,本章所提出来方法中每一个线程只有一个单层 RTCN(不需要卷积权重的迭代调节)组成,再加上后面的多层高效融合策略,使得为3T－RTCN进行参数寻优变成一个极为快速的过程。本章实验评估3T－RTCN所采用的调优主要参数详见表4.1,其中一部分实验的测试软硬件平台是 Matlab 2014a,英特尔四核i7处理器2.3GHz,16GB 主频为1333MHz 内存。另外一部分实验(表4.1中数据集名称后标星号的)及其对应的参数寻优工作需要带有更大内存的服务器级平台的支持,因此这部分实验部署在这样的一台高性能服务器上:Matlab 2015,双至强E5－2630 2.4GHz 中央处理器,128GB 内存。

表4.1 本章实验评估3T－RTCN所采用的经过调优的参数

数据集	(F_s,k_s,r_s,s_s)	$(F_{tf},k_{tf},r_{tf},s_{tf})$	$(F_{id},k_{id},r_{id},s_{id})$	C_s	C_t	C_{st}	L
SD5	(12,3,4,3)	(12,3,4,2)	(12,3,4,3)	10^4	10^4	10^3	100
SD10	(16,4,6,1)	(16,4,6,2)	(20,4,6,1)	10^6	10^6	10^4	500
SPr10	(36,6,8,3)	(36,4,5,1)	(48,4,5,1)	10^2	10^4	10^6	500
SPr7	(12,4,6,1)	(48,3,4,1)	(48,3,4,2)	10^3	10^2	10^2	100
BDH10	(12,3,4,2)	(12,3,4,2)	(24,3,4,2)	10^2	10^2	10^2	100
BDH5	(16,4,6,2)	(48,4,6,4)	(48,4,6,4)	10^3	10^8	10^3	100
HCs10	(52,3,4,1)	(52,3,4,1)	(48,3,4,1)	10^2	10^4	10^3	100

4.4.3 RTCN输入不变性分析

对于采用随机权重分配及平方根池化的标准卷积神经网络,文献已经对其平移不变性做了比较严格的数学证明(Saxe A,et al,2011a)。众所周知,标准卷积神经网络很难对于旋转或缩放变化产生不变性,文献发现在卷积神经网络中加入权值不完全共享机制后(但仍然保留经典的权值迭代调优算法),网络直观上表现出旋转与缩放不变性,但是它们的结论并没有严谨的数学证明,仅仅是通过将一些池化单元进行灰度可视化后的观察得到的结论(Ngiam J,et al,2012a);这种方法对于随机化权值网络其实并不适用,因为如果把这种网络加以类似的可视化后,所显示出来的图像几乎没有可识别的模式可言,更谈不上观测不变性方向。鉴于以上背景,在这一小节,对 RTCN 的不变性在 SD5 与 BDH5 两个触觉数据集上进行了小规模的实验性验证;为便于理解本实验仅使用的空间线程,暂时忽略了触觉帧之间的时间动态信息,而只关心每一触觉帧的空间信息,这样自然后面的层级化融合策略也是不需要的。一些用于配置实验的关键参数设置为 $F=12$、$k=4$、$r=6$、$C=100$。可以发现,SD5 与 BDH5 数据集因为使用不同的硬件平台,从而导致所采集的触觉帧具有不同的尺寸(表 4.1),所以在 SD5 数据集上测试 6 种离散度 $s \in \{1,2,4,8,12,16\}$,而在 BDH5 上仅仅测试了 4 种离散度 $s \in \{1,2,4,6\}$。在实验中,考虑 3 种输入变化:平移(图 4.6(a) 与图 4.6(b))、旋转(图 4.6(c) 与图 4.6(d))和缩放(4.6(e) 与图 4.6(f))。所有的测试触觉序列都应用这些输入变化,而训练序列维持不变,就是说预测第 t 个测试帧时,计算 $\arg\max_{y \in \{1,2,3,4,5,6\}} [p(x^{(t)}) \cdot W_s]$ 就可以。

当输入变化逐渐增大到一定幅值时,无论什么样的权重离散度,测试精度都会随之下降,唯一的例外是当变化被控制在非常微小的程度内,如转角在 0°~1° 范围内(图 4.6(d))和缩放比例在 1~1.03 范围内(图 4.6(e))时,甚至出现准确率稍稍上升的情况。出现这种情况的原因是在对每一帧应用不同变化算子时,一些插值算法的使用相当于对相邻"像素"(这里将其类比为二维光学图像)作了平滑处理(特别是在变化很小时),进而提高了神经网络预测的准确率。需要说明的是,即使不对测试帧做任何变换,只是简单地对它们进行平滑处理,也能观察到这种准确率上升的现象。同时发现,当权重离散度取得适当大的值时,RTCN 表现出更强的平移、旋转和缩放不变性;但过大的离散度也能使模型过拟合,如图 4.6(b) 中的曲线 $s=6$。比较 SD5(图 4.6(a)、(c)、(e))与 BDH5(图 4.6(b)、(d)、(f))的试验结果发现,将权重离散化带来的 RTCN 不变性能提升似乎在维度更高的数据集上更为明显,从这个角度来说,该实验结果为工业机器人安装高精度触觉传感器(在可控成本范围内)提供一定的论据支持。

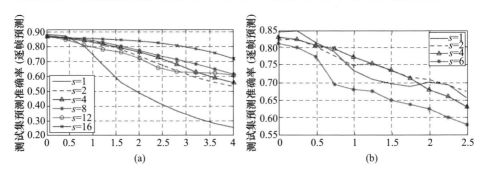

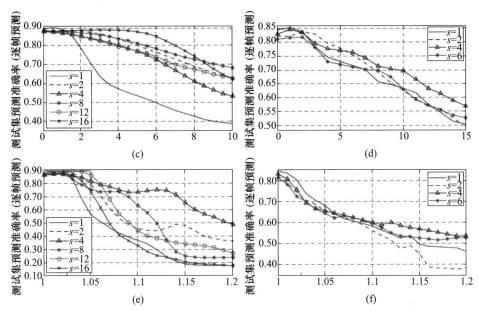

图 4.6 在数据集 SD5(左列)与 BDH5(右列)上进行的 RTCN 不变性实验结果

(a)、(b)把每一测试帧都在水平(左右)或垂直(上下)4个方向平移了一段距离,
非整数单元位移采用线性插值与补零法来处理,最后将4个方向位移后的识别准确率求平均值;

(c)、(d)每一测试帧都围绕质心顺时针或逆时针旋转某一角度;

(e)、(f)把每一测试帧放大某倍率(最大1.2倍)。

4.4.4 时间与空间特征鉴别力分析

这个部分实验的主要目的在于将 3T-RTCN 的性能与仅使用空间或时间线程的两种情形相比较,从而分析空间与时间信息分别对最终触觉识别的结果有怎样的影响,并且比较时间与空间信息的相对重要程度。图 4.7 中的准确率都是 10 次实验的平均值,每次实验都采用 7:3 的训练/测试集分割比例。本章提出的 3T-RTCN 特征提取与批量融合框架在除了 HCs10 的所有数据集上都取得 100% 的识别准确率,这样的结果也许是对 F. Anselmi 等(2015a)所提出的理论的又一次佐证:具有不变性的特征能有效地减少所需要的训练样本数量,这与人类能够从极少数的示例样本中泛化学习未知事物的现象具有类似的特点。为了挖掘影响时间或空间特征鉴别性能的因素,将三维的触觉序列拉伸到二维空间(就是把每一帧拉伸为一维向量),并将用不同的机械手(SDH 与 SPG)抓取同一物体时产生的某一触觉序列分别可视化于图 4.8(a)、(b)中,很容易发现 SPG 抓取机构产生的触觉信号比较稀疏(从空间/传感器单元编号轴看)与平滑(从时间/帧编号轴看),貌似其所使用的触觉传感器对信号进行过滤波处理;然而,SDH 产生的输出比较致密且多毛刺。再次比照图 4.6 中的结果,初步可以得出这样的猜想:对于比较稀疏平滑的触觉信号,时间线程的识别率更好;对于比较致密且触觉单元数目较多的触觉序列,空间线程似乎能取得更高的识别率。最后需要说明的是,触觉流与帧间差分栈的深度 n 曾试图从 2 提高到 5,结果发现这样做除了徒增训练负担外,并不能取得明显更好的效果,所以在接下来的所有实验中,将一直沿用参数 $n=2$。

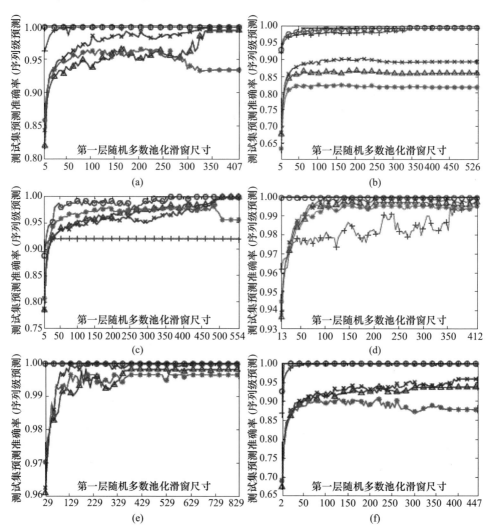

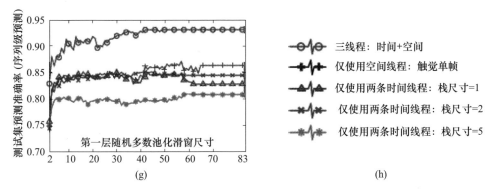

图4.7 在7个触觉数据集上的平均测试准确率随多数池化窗口大小 q 的变化
（a）SD5；（b）SD10；（c）SPr10；（d）SPr7；（e）BDH10；（f）BDH5；（g）HCs10；（h）图例。

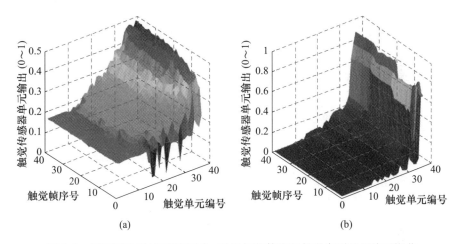

图4.8 用不同的机械手抓取同一种目标物体所得触觉序列的塌缩可视化
（a）SD10；（b）SPr10。

4.4.5 与同类先进方法比较

这里将3T－RTCN方法与触觉序列识别领域其他代表性的批量处理方法进行比较。参与比较的方法包括JKSC（Yang J，et al，2015a）、MV－HMP（多数投票HMP）、ST－HMP（时空 HMP）（Madry M，et al，2014a）、LDS－Martin（Huang W，et al，2016a）以及 BoS－LDSs（Ma R，et al，2014a）。在 JKSC 源代码的基础上，做了两项主要改进以提高测试效率：①把多核联合计算部分进行并行化处理；②把其中频繁调用的 DTW 距离计算用更高效的 C 语言实现（编译成二进制代码）。除了这些方法以外，也引用了一些在这7个数据集上曾取得过较高识别率的方法所取得的结果,它们包括 ST/MV - HMP - FD(即基于三维字典的 ST/MV - HMP)、HMM 以及 pLDSs(分段式 LDSs)。

为了使测试结果与其他直接引用的结果有可比性,所有的实验都进行 10 轮交叉验证,每一轮都采用 9∶1 的训练/测试集分割比例。在同一数据集上取得最好识别率的方法结果用黑体字标出,次优的结果加划线示意。3T - RTCN 在除了 HCs10 以外的所有数据集上都取得最佳识别率。利用 HCs 数据集来回顾一下 3T - RTCN 的大致工作过程:用 52 种卷积权重映射(3×3)与维度较低的 HCs10 触觉单帧(4×4)卷积得到 52 个 2×2 的特征映射;随后的池化操作(2×2)继续将特征映射压缩成 52 个数值;整个过程信息的损失率达到 75%,这也印证了为什么 3T - RTCN 在维度比较低的触觉数据集上产生次优结果。在测试过程中还发现,由于 JKSC 和 MV/ST - HMP 方法的核运算与字典学习的过程非常耗时,它们的训练过程经常要比 3T - RTCN 慢上百倍。

纵观表 4.2,所有参与比较的算法,HCs10 数据集所代表的识别任务显然是最难的,因此,为了在更深层次上探寻分类器的行为特点,把识别率高于 70% 的 5 种方法的混淆矩阵(主要用于两两比较每一个物体类别的预测标签和实际标签)做了标准化的绘制并展示在图 4.9 中。从图 4.9(d)、(e)可以看出,LDS - Martin 基本上在每个物体类别的分类中都输于其他方法,最明显的类别是木块、白胶带和金属锁。相比 LDS - Martin 模型,BoS - LDSs 大幅度提升对前两个物体类别的识别率。ST - HMP 方法与基于 LDS 的模型相比,在除了"纸巾包"外的其他所有物体类别中得到了更好(或至少是大致相当)的识别效果。3T - RTCN 在 10 类中的 8 类取得 100% 的分类准确率,但是在两个类别(纸巾包与布熊)中的表现差强人意。综合所有这些方法的表现来看,HCs10 数据集中有两个不易完全准确分类的物体集合:{布熊、纸巾包、白泡沫}(图 4.9(a)、(c)和(e))以及{塑料充电器、玻璃瓶}(图 4.9(b) ~ (e))。

表 4.2　3T - RTCN 与同类先进触觉批量处理方法的性能比较:测试数据集识别准确率　　　单位:%

数据集/算法	3T - RTCN	JKSC	MV - HMP	ST - HMP	LDS - Martin	BoS - LDS
SD5	100	92.0	90.5	98.9	97.0	96.8
SD10	100	91.5	94.0	94.0	92.0	97.5
SPr10	100	87.0	84.5	88.5	94.5	94.2
SPr7	100	91.4	94.3	95.7	97.1	98.6
BDH10	100	94.0	81.6	87.5	82.0	90.5
BDH5	100	87.0	76.8	81.0	95.5	94.6
HCs10	91.2	93.5	67.7	83.0	70.0	74.5

受到生物学领域关于人脑前额叶联合时空触觉感知神经通路理论（Gogulski J,et al,2013a）的启发,提出一种三线程随机离散卷积神经网络（3T - RTCN）,该方法用3条并行时/空特征提取线程来对触觉序列做时间和空间维度的特征分解：触觉单帧空间线程、触觉流栈时间线程以及帧间差分栈时间线程,并分别由随机离散卷积神经网络（RTCN）进行快速卷积与池化方式的特征提取,最后这些时空特征分量被一种层级化的特征融合策略进行批量融合认知和决策。实验表明,RTCN中的离散度取得适当大的值时能够带来很好的平移、旋转和缩放不变性。与现有该方向代表性的方法比较表明,3T - RTCN在准确率、稳健性、容错性、不变性和计算效率方面均表现出显著的优势。此外,3T - RTCN的逐帧逐块的工作模式及其无迭代的高效特征提取与融合过程使其成为一种高效的序贯在线触觉序列融合认知算法。

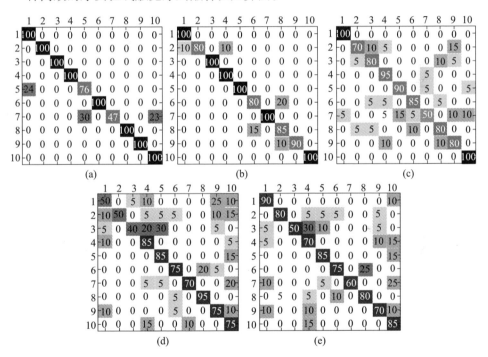

图4.9 在HCs10数据集上识别率高于70%的5种方法的混淆矩阵
（每一列代表一种预测类别,每一列的总数表示预测为该类别的物体比例,
每一行代表物体的真实类别）

(a)3T - RTCN；(b)JKSC；(c)ST - HMP；(d)LDS - Martin；(e)BoS - LDSs。

1—木块；2—白胶带；3—金属锁；4—橡皮；5—布熊；6—塑料充电器；7—纸巾包；
8—玻璃瓶；9—钉书针盒；10—白泡沫。

第 5 章　视－触觉融合目标识别

机器人在执行精细操作任务时,可以综合使用视觉、触觉等不同模态的传感系统与外界环境进行交互。若各类传感系统只对不同模态采用独立的方式感知环境,就会割裂各个模态信息之间的内在关联。为实现更加精准、高效的环境感知,需要研究多模态感知信息的融合理论与方法,以提升机器人的操作性能。视觉与触觉是机器人操作中两种重要的感知模态,因此,本章将介绍视－触觉融合的目标识别方法。

5.1　触觉信息与视觉信息融合的目标识别

在操作过程中,当机械臂系统到达指定位姿时,安装在机械臂末端的灵巧手执行抓取操作。由于待抓取的目标物体形状、材质等区别较大,因此,利用安装在灵巧手上的触觉传感器阵列准确获得抓取过程中的触觉信息,自适应调整"握力"大小,确保可以稳定地抓取不同的物体。由于时延的存在,在整个遥操作过程中,机械臂末端的关节信息、主动视觉信息、力矩信息以及抓取信息将在一定时延之后反馈到操作端。为此,围绕操作物体的材质分析这一具体任务,通过不同传感器获取关于物体的图像数据、视频数据和触觉阵列数据。

物体材质是机器人精细操作过程中一个非常重要的环节。如果能够通过传感器有效地判别物体的材质,就可以根据其特点来采取有针对性的抓取和操作策略。以往对材质的分析大都是基于图像纹理的,这一信息源只能刻画单一角度和距离的纹理信息。在机械臂末端安装的摄像机可以在机械臂末端接近物体过程中不断采集物体的图像,从而形成关于物体的视频序列,这一数据源可以从不同角度和距离感知物体的纹理信息。尽管如此,这两类信息源都是在非接触式的情形下采集的,对于一些难以通过视觉方式鉴别的物体(如用同种材质做出来的外观相似的物体)效果不佳。本章结合机器人精细操作平台引入另一个数据源,即在机械臂正式抓取物体之前,用手指轻触物体,利用这种接触式的触觉序列信息,可以有效地弥补视觉信息在材质分析任务上的不足。

三类数据(图像、视频、触觉)从不同的角度刻画物体材质的特点。通过适当地融合这些数据,可实现更好的物体材质分类效果。对这三类数据的研究成果可以直接应用于机器人精细操作中的物体材质分析任务。这三类数据的具体获取方式如图 5.1 所示,其中,第一行显示 3 个阶段的数据采集过程示意图,第二行显示对应采集的数据示意图。从图中可以看到,数据采集的 3 个阶段分别是:①初始时刻,利用 Kinect 摄像机获取环境的光学与深度图像,利用深度图像检测物体,并利用对应的光学图像提取图像特征;②视觉伺服过程中,利用安装在机械臂末端的摄像机持续跟踪物体,并获取对应的视频序列;③接触过程中,利用手爪上安装的阵列传感器获取触觉序列信息。

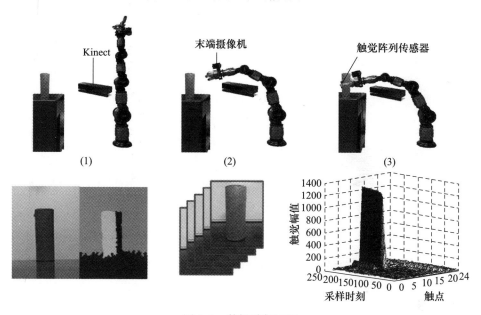

图 5.1 数据采集过程

图像数据由固定基座的 Kinect 摄像机获取。这一采集过程与机械臂运动无关,可以在机械臂尚未开始运动时进行。利用深度信息来实现物体的检测,并利用适当的图像处理技术分离出物体区域,再利用对应的光学图像提取出物体的协方差描述子纹理信息。

视频数据是在机械臂运动过程中采集的。当物体已被检测出后,物体与机械臂末端的相对位姿关系很容易确定,从而可以利用视觉伺服技术引导机械臂接近物体。此外,操作平台上还配备手柄、手控器等人机交互设备,也可以采用遥操作的方式将机械臂末端引导到物体周围。在此过程中,利用安装在机械臂末端的摄像机对物体进行视觉跟踪,不断获取关于物体的视频数据。这一数据从不同侧面反映了物体的特性,因而,可以提供更加全面的信息。关于视觉跟踪技术,已有较成熟的技术实现末端摄像机对物体的持续跟踪。由于机械臂的运动,视觉跟踪过程不可避免地会跟丢物体。开发"重获取"(Re - acquisition)模块用于物体脱离视场后重新出现时的检测。"丢失"物体的那些图像帧作为"野点"数据可以利用稳健稀疏编码方法抑制其不利影响。

以上设计的数据采集过程实际上是将机械臂的运动划分为3个阶段:第一阶段为静止状态,此时采集远距离图像信息;第二阶段为运动阶段,此时采集由远而近的视频信息;第三阶段为接触阶段,此时采集触觉信息。利用这3个阶段采集的不同模态的信息,可以获得对物体更加全面的理解,从而利用这些数据开发高性能的机械臂精细操作的物体材质识别模块。

5.2　图像信息表达

图像信息表达采用协方差描述子的方法。考虑到协方差矩阵的特性是由图像的空间位置、灰度、高阶梯度等特性决定的。一般情况下,定义 f_i 为第 i 个像素点的特征信息,所以 p 维特征点的特征向量定义为 $\{f_i\}_{i=1,2,\cdots,d}$,如光强度、色彩方向、空间属性等特征向量。在本试验中,$f_i = [m, n, I, I_m, I_n]$,其中 m 和 n 分别为 x 轴和 y 轴的值;I 为灰度图像信息;I_m 为灰度在 x 轴上的偏导数;I_n 为灰度在 y 轴上的偏导数。因此,任意一幅图像 $p \times p$ 维的方差描述子表示为

$$R = \frac{1}{d-1} \sum_{i=1}^{d} (f_i - \mu)(f_i - \mu)^{\mathrm{T}} \tag{5-1}$$

式中:d 为像素点的个数;μ 为均值特征向量。

协方差描述子(CovD)具有诸多优势。第一,从图像中提取的协方差描述子与图像中的像素是相互匹配的。第二,协方差描述子提供了一个自然的方式融合相关联的特征。CovD 的斜对角线表示每个特征的方差,而非对角线元素表示特征的相关性。第三,相对于其他描述符号,CovD 是低维度的,因为对称性的 R 只含有 $(p^2 + p)/2$ 个不同的值。

然而,协方差矩阵是一个对称正定阵(SPD),以 SPD 矩阵为基础的学习中的一个关键问题是 SPD 矩阵的模型和计算。虽然 SPD 矩阵的 R 并不在线性空间,但是形成一个黎曼流形群。在这种空间的数学模型与欧氏空间不一样,因此,用对数 - 欧氏距离来近似。两个矩阵 R_1 和 R_2 之间的协方差距离为

$$d_{\mathrm{cov}}(R_1, R_2) = \| \log m(R_1) - \log m(R_2) \|_F \tag{5-2}$$

式中:R_1 和 R_2 为两个对称正定矩阵;$\log m$ 为对数函数;$\| \cdot \|_F$ 为 F 范数。协方差矩阵原理示意图如图 5.2 所示,在实验中用到的是将一副原始图像提取 $7 \times N$ 的特征矩阵,然后将特征矩阵转换为 7×7 的协方差描述子。

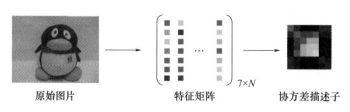

图 5.2　协方差矩阵原理图

5.3　视-触觉融合算法

本章中提出的用于物体分类测试的图像-触觉信息对融合原理如图 5.3 所示,图中红色箭头代表分类错误,绿色箭头代表分类正确,第一行训练样本的图像信息标签分别为 C_1、C_2、C_3,与之相对应的最后一行代表相应训练样本的触觉信息,中间一行为测试样本的图像-触觉信息对。正如图中所示,例如,第一个测试样本(正确标签为 C_1)图像信息分类正确,触觉信息分类错误,因为第一个测试样本的触觉信息与 C_2 触觉信息相似;第二个测试样本两种信息都分类错误,因为熊猫玩偶和企鹅玩偶的图像-触觉信息对有些相似,所以容易误分;第三个测试样本(正确标签为 C_3),由于与 C_2 相似的图像特征所以只有图像信息分类错误;同样的原理最后一个测试样本图像-触觉信息全部分类正确。多层时间序列模型用来表达触觉序列,方差描述子用来表征图像特征。

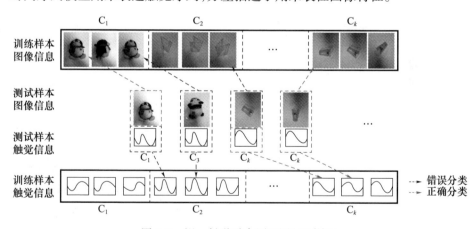

图 5.3　视-触觉融合原理图(见彩插)

本章仍采用 KNN 分类算法:在特征空间中,需要进行分类的样本的类别由这个样本的 K 近邻样本中的大多数类别决定,并且该样本具有这种类别样本的特性。该方法在确定分类决策上仅依据已经正确分类最近邻的一个或者几个样本的类别来最终决定待分类样本的类别,其中 K 一般取奇数,$K=1,3,5,\cdots$。

KNN 方法的基本原理是:首先将测试样本 t 表达成与训练样本特征一致的向量;然后根据所选择的距离函数(如高斯距离、欧氏距离等)计算测试样本 t 和每个训练样本之间的距离,选择与测试样本 t 距离最小的 K 个样本作为测试样本 t 的 K 个最近邻;最后根据测试样本 t 的 K 个最近邻中大多数的类别来判断 t 的类别。

在本章后续的算法部分,结合文中提出的视触融合分类,分别构建了 DTW - KNN 与 COV - KNN 两种分类距离尺度,并将两种尺度进行结合应用于触觉视觉信息对的分类结果中。设最近邻分类的度量尺度为 $d_i, i=1,2,\cdots,N$,一个测试样本图像-触觉信息对为 (S,R),测试样本对与训练样本对 (S_i,R_i) 之间的距离 d_i 定义为

$$d_i = \alpha \times d_{\text{DTW}}(S,S_i) + (1-\alpha)d_{\text{cov}}(R,R_i) \quad (5-3)$$

式中:$d_{\text{DTW}}(S,S_i)$ 为触觉信息间的 DTW 距离;$d_{\text{cov}}(R,R_i)$ 为图像信息间的方差距离。特别地,当 $\alpha=1$ 时,距离公式退化为只应用触觉信息进行分类;当 $\alpha=0$ 时,退化为只应用图像信息进行分类。

虽然 KNN 方法在原理上受到极限定理的限制,但在需进行类别决策的情况下,只需要与相邻的少量样本进行比对即可,因此,KNN 方法对于有交叉类域或者较多重叠的待分类样本来说,相对于其他比较复杂的算法更为合适、更具有优势。KNN 算法虽然简单、清晰、易于理解,但应用时对计算量与存储空间有很高的要求。

5.4 实验及结果分析

5.4.1 数据采集

实验收集了 18 种日常生活用品(企鹅玩具、熊猫玩具、人偶玩具、卫生纸、棕色海绵、黄色海绵、三角尺、红色圆筒、黄色圆筒、铅笔模型、可乐瓶子、雪碧瓶子、塑料杯、棕色方形海绵、牛奶盒、红茶纸盒、机器人玩具、咖啡纸杯)的触觉序列数据集,用触觉信息表征物体信息。18 个物体实物图如图 5.4 所示。

在触觉数据采集过程中,每个物体被三指灵巧手抓取 10 次,在抓取过程中,图像的视觉

图 5.4 18 个物体实物图

信息被同时采集。每次抓取持续 17~28.3s,采样周期为 0.04s,因此,触觉序列长度为 425~708。机械臂抓取位置图如图 5.5 所示。通过如上的装置,收集了一个相对有挑战性的数据集(VT-18),包括 180 个触觉样本和 180 个图像样本信息。

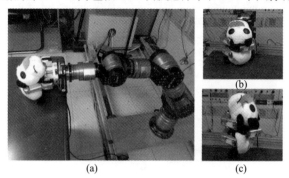

图 5.5　机械臂抓取位置图

(a)机械臂抓取位置;(b)顶部抓取;(c)侧边抓取。

触觉信息反馈被物体的材料、形状、状态等信息影响。这些触觉序列的不同可以用来识别物体分类。18 种物体的图像 – 触觉信息对如图 5.6 所示,每类物体左侧对应图像信息,右侧对应触觉信息。

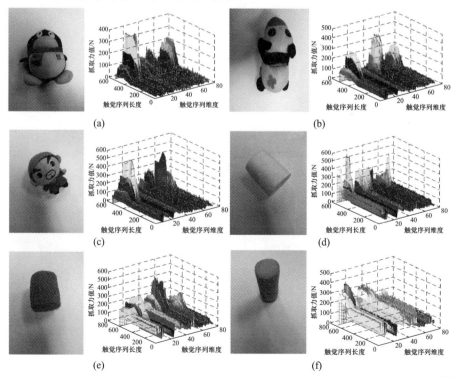

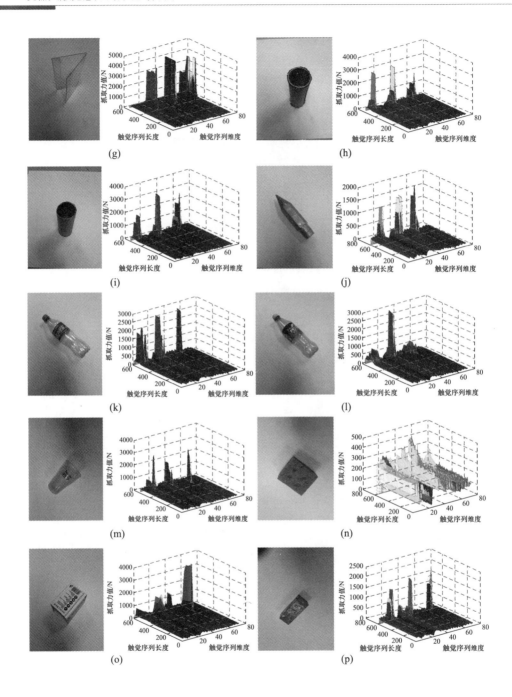

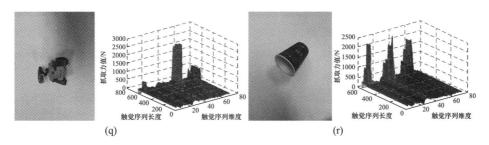

图 5.6 18 种物体的触觉图像信息对

(a)企鹅玩具;(b)熊猫玩具;(c)人偶玩具;(d)卫生纸;(e)棕色海绵;(f)黄色海绵;
(g)三角尺;(h)红色圆桶;(i)黄色圆桶;(j)铅笔模型;(k)可乐瓶子;(l)雪碧瓶子;(m)塑料杯;
(n)棕色方形海绵;(o)牛奶盒;(p)红茶纸盒;(q)机器人玩具;(r)咖啡纸杯。

5.4.2 实验结果

实验过程中,在每种物体的 10 组图像-触觉信息对样本中,随机 10 次选取 9 组图像-触觉样本作为训练集样本,剩余 1 组作为测试集样本,每种分类方法实验准确率取 10 次随机分类准确率的平均值。由于牛奶纸盒和红茶纸盒的材质比较相近,属于都属于比较硬的纸质材料,触觉信息比较相近,如图 5.7 所示,

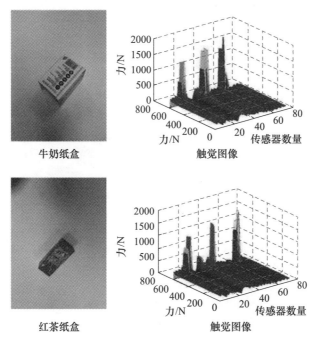

图 5.7 牛奶纸盒和红茶纸盒触觉图像对比

因此,通过触觉信息很容易将两种物体误分,而最终牛奶纸盒的准确率只有40%,其中30%被误分为红茶纸盒。机器人玩偶的分类准确率只有20%发生了比较严重的混淆,其中40%被误分为棕色方形海绵,20%被误分为牛奶盒,10%被误分为雪碧瓶子,10%被误分为红茶纸盒,其原因是机器人玩具形状不整齐,不同的抓取与灵巧手触觉传感器的接触面积比较小,因而采集特征信息的点比较少,采集到的触觉信息不能完全表征机器人玩具的特征信息,因此触觉单一模态容易被误分,视觉与触觉模态的融合就成了提高分类准确率的一种方法。

在图 5.8 和图 5.9 中,列举了训练集:测试集 = 9:1 划分的图像信息为特征的单一模态最近邻分类算法的分类结果混淆矩阵图。从混淆矩阵中可以看出,以图像为特征和以触觉信息为特征的分类结果有很大差异。从图中可以看出,以视觉图像为特征熊猫玩具、棕色海绵、三角尺、可乐瓶子、牛奶盒和红茶纸盒的分类结果为 100%,其中一个主要原因就是这 6 种物体的视觉图像协方差描述子特征区别比较明显,因而容易分类。图中人偶玩具、黄色海绵、雪碧瓶子、

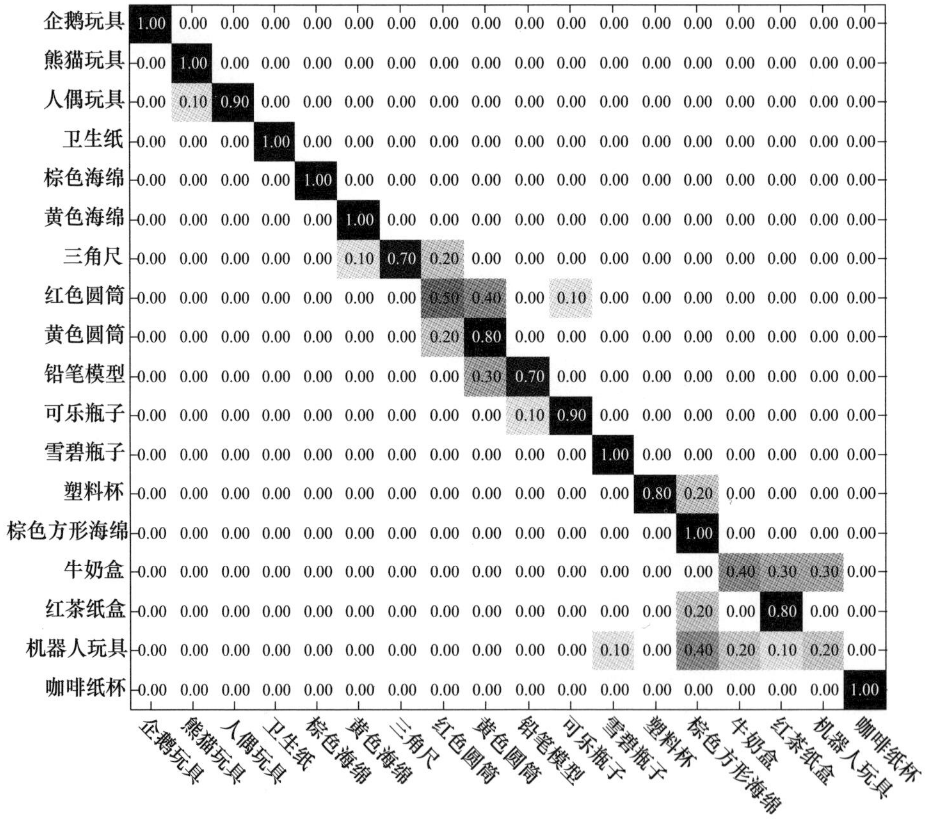

	企鹅玩具	熊猫玩具	人偶玩具	卫生纸	棕色海绵	黄色海绵	三角尺	红色圆筒	黄色圆筒	铅笔模型	可乐瓶子	雪碧瓶子	塑料杯	棕色方形海绵	牛奶盒	红茶纸盒	机器人玩具	咖啡纸杯
企鹅玩具	1.00	0.00	0.00	0.00	0.00	0.00	0.00	0.00	0.00	0.00	0.00	0.00	0.00	0.00	0.00	0.00	0.00	0.00
熊猫玩具	0.00	1.00	0.00	0.00	0.00	0.00	0.00	0.00	0.00	0.00	0.00	0.00	0.00	0.00	0.00	0.00	0.00	0.00
人偶玩具	0.00	0.10	0.90	0.00	0.00	0.00	0.00	0.00	0.00	0.00	0.00	0.00	0.00	0.00	0.00	0.00	0.00	0.00
卫生纸	0.00	0.00	0.00	1.00	0.00	0.00	0.00	0.00	0.00	0.00	0.00	0.00	0.00	0.00	0.00	0.00	0.00	0.00
棕色海绵	0.00	0.00	0.00	0.00	1.00	0.00	0.00	0.00	0.00	0.00	0.00	0.00	0.00	0.00	0.00	0.00	0.00	0.00
黄色海绵	0.00	0.00	0.00	0.00	0.00	1.00	0.00	0.00	0.00	0.00	0.00	0.00	0.00	0.00	0.00	0.00	0.00	0.00
三角尺	0.00	0.00	0.00	0.00	0.00	0.10	0.70	0.20	0.00	0.00	0.00	0.00	0.00	0.00	0.00	0.00	0.00	0.00
红色圆筒	0.00	0.00	0.00	0.00	0.00	0.00	0.00	0.50	0.40	0.00	0.10	0.00	0.00	0.00	0.00	0.00	0.00	0.00
黄色圆筒	0.00	0.00	0.00	0.00	0.00	0.00	0.00	0.20	0.80	0.00	0.00	0.00	0.00	0.00	0.00	0.00	0.00	0.00
铅笔模型	0.00	0.00	0.00	0.00	0.00	0.00	0.00	0.00	0.30	0.70	0.00	0.00	0.00	0.00	0.00	0.00	0.00	0.00
可乐瓶子	0.00	0.00	0.00	0.00	0.00	0.00	0.00	0.00	0.00	0.10	0.90	0.00	0.00	0.00	0.00	0.00	0.00	0.00
雪碧瓶子	0.00	0.00	0.00	0.00	0.00	0.00	0.00	0.00	0.00	0.00	0.00	1.00	0.00	0.00	0.00	0.00	0.00	0.00
塑料杯	0.00	0.00	0.00	0.00	0.00	0.00	0.00	0.00	0.00	0.00	0.00	0.00	0.80	0.20	0.00	0.00	0.00	0.00
棕色方形海绵	0.00	0.00	0.00	0.00	0.00	0.00	0.00	0.00	0.00	0.00	0.00	0.00	0.00	1.00	0.00	0.00	0.00	0.00
牛奶盒	0.00	0.00	0.00	0.00	0.00	0.00	0.00	0.00	0.00	0.00	0.00	0.00	0.00	0.00	0.40	0.30	0.30	0.00
红茶纸盒	0.00	0.00	0.00	0.00	0.00	0.00	0.00	0.00	0.00	0.00	0.00	0.00	0.00	0.20	0.00	0.80	0.00	0.00
机器人玩具	0.00	0.00	0.00	0.00	0.00	0.00	0.00	0.00	0.00	0.00	0.10	0.20	0.00	0.40	0.20	0.10	0.00	0.00
咖啡纸杯	0.00	0.00	0.00	0.00	0.00	0.00	0.00	0.00	0.00	0.00	0.00	0.00	0.00	0.00	0.00	0.00	0.00	1.00

图 5.8 触觉混淆矩阵

塑料杯和棕色方形海绵的准确率为90%,分类效果比较好,可见,通过图像信息可以比较好地将其进行分类。然而,企鹅玩具的准确率只有40%,由于企鹅玩具和熊猫玩具外形图像信息比较相近,提取的协方差描述子特征也比较相近,因而,其中60%被误分为熊猫玩具,相似的原理,咖啡纸杯的分类准确率只有30%,其中70%被误分为红色圆桶。值得注意的是,触觉混淆矩阵图中机器人玩偶的准确率只有20%,然而,视觉图像混淆矩阵中机器人玩偶的准确率高达70%;触觉混淆矩阵中咖啡纸杯的分类准确率为100%,而视觉图像混淆矩阵中咖啡纸杯的分类准确率为30%,可以看出,触觉模态和视觉模态各自有各自的优势。

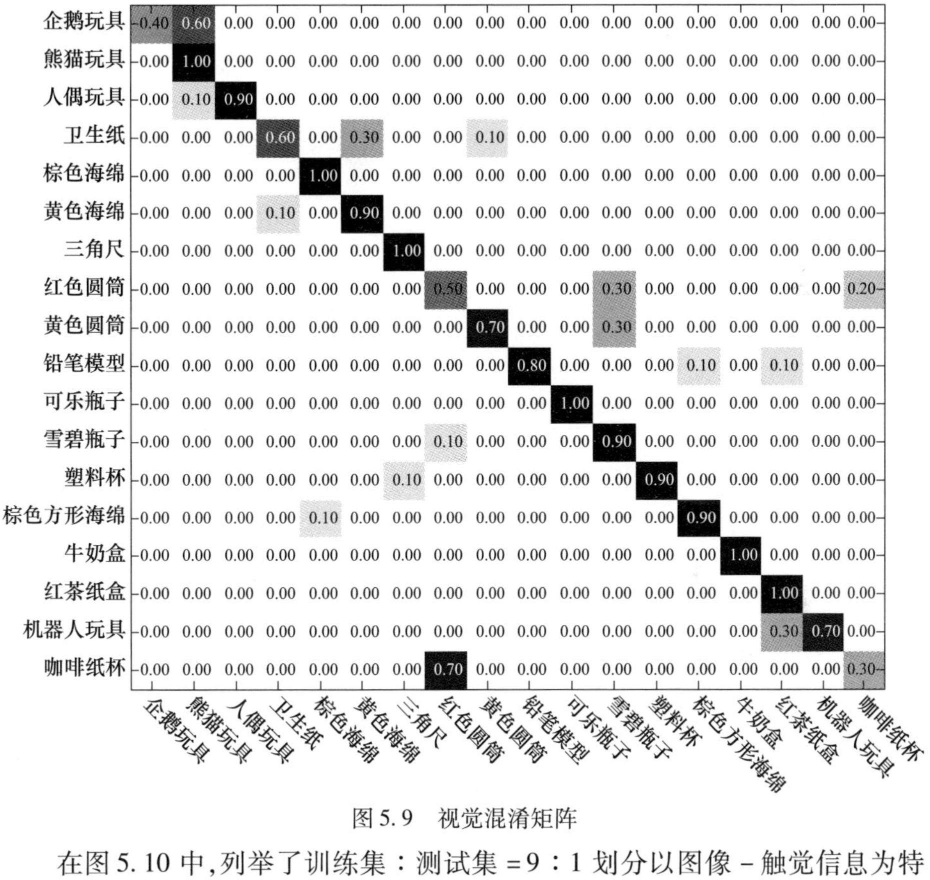

	企鹅玩具	熊猫玩具	人偶玩具	卫生纸	棕色海绵	黄色海绵	三角尺	红色圆筒	黄色圆筒	铅笔模型	可乐瓶子	雪碧瓶子	塑料杯	棕色方形海绵	牛奶盒	红茶纸盒	机器人玩具	咖啡纸杯
企鹅玩具	0.40	0.60	0.00	0.00	0.00	0.00	0.00	0.00	0.00	0.00	0.00	0.00	0.00	0.00	0.00	0.00	0.00	0.00
熊猫玩具	0.00	1.00	0.00	0.00	0.00	0.00	0.00	0.00	0.00	0.00	0.00	0.00	0.00	0.00	0.00	0.00	0.00	0.00
人偶玩具	0.00	0.10	0.90	0.00	0.00	0.00	0.00	0.00	0.00	0.00	0.00	0.00	0.00	0.00	0.00	0.00	0.00	0.00
卫生纸	0.00	0.00	0.00	0.60	0.00	0.30	0.00	0.10	0.00	0.00	0.00	0.00	0.00	0.00	0.00	0.00	0.00	0.00
棕色海绵	0.00	0.00	0.00	0.00	1.00	0.00	0.00	0.00	0.00	0.00	0.00	0.00	0.00	0.00	0.00	0.00	0.00	0.00
黄色海绵	0.00	0.00	0.00	0.10	0.00	0.90	0.00	0.00	0.00	0.00	0.00	0.00	0.00	0.00	0.00	0.00	0.00	0.00
三角尺	0.00	0.00	0.00	0.00	0.00	0.00	1.00	0.00	0.00	0.00	0.00	0.00	0.00	0.00	0.00	0.00	0.00	0.00
红色圆筒	0.00	0.00	0.00	0.00	0.00	0.00	0.00	0.50	0.00	0.00	0.00	0.30	0.00	0.00	0.00	0.00	0.00	0.20
黄色圆筒	0.00	0.00	0.00	0.00	0.00	0.00	0.00	0.00	0.70	0.00	0.00	0.30	0.00	0.00	0.00	0.00	0.00	0.00
铅笔模型	0.00	0.00	0.00	0.00	0.00	0.00	0.00	0.00	0.00	0.80	0.00	0.00	0.10	0.10	0.00	0.00	0.00	0.00
可乐瓶子	0.00	0.00	0.00	0.00	0.00	0.00	0.00	0.00	0.00	0.00	1.00	0.00	0.00	0.00	0.00	0.00	0.00	0.00
雪碧瓶子	0.00	0.00	0.00	0.00	0.00	0.10	0.00	0.00	0.00	0.00	0.00	0.90	0.00	0.00	0.00	0.00	0.00	0.00
塑料杯	0.00	0.00	0.00	0.00	0.00	0.00	0.00	0.00	0.10	0.00	0.00	0.00	0.90	0.00	0.00	0.00	0.00	0.00
棕色方形海绵	0.00	0.00	0.00	0.10	0.00	0.00	0.00	0.00	0.00	0.00	0.00	0.00	0.00	0.90	0.00	0.00	0.00	0.00
牛奶盒	0.00	0.00	0.00	0.00	0.00	0.00	0.00	0.00	0.00	0.00	0.00	0.00	0.00	0.00	1.00	0.00	0.00	0.00
红茶纸盒	0.00	0.00	0.00	0.00	0.00	0.00	0.00	0.00	0.00	0.00	0.00	0.00	0.00	0.00	0.00	1.00	0.00	0.00
机器人玩具	0.00	0.00	0.00	0.00	0.00	0.00	0.00	0.00	0.00	0.00	0.00	0.00	0.00	0.00	0.00	0.30	0.70	0.00
咖啡纸杯	0.00	0.00	0.00	0.00	0.00	0.00	0.00	0.70	0.00	0.00	0.00	0.00	0.00	0.00	0.00	0.00	0.00	0.30

图 5.9 视觉混淆矩阵

在图 5.10 中,列举了训练集:测试集 = 9:1 划分以图像-触觉信息为特征的融合模态最近邻分类算法分类结果的混淆矩阵图。从混淆矩阵中可以明显看出,以图像-触觉信息为特征的分类结果相比于触觉或者视觉图像单一模态分类效果优势比较明显。从图中可以看出,熊猫玩具、人偶玩具、卫生纸、棕色海绵、黄色海绵、雪碧瓶子、塑料杯、棕色方形海绵、红茶纸盒和咖啡纸杯的分类准确率都为 100%。其中触觉单一模态分类准确率为 50%,视觉模态分类准确率也为 50% 的红色圆桶,图像 – 触觉融合分类的准确率高达 80%,可见,视觉和触觉两种模态融合可以提高单一模态的准确率。

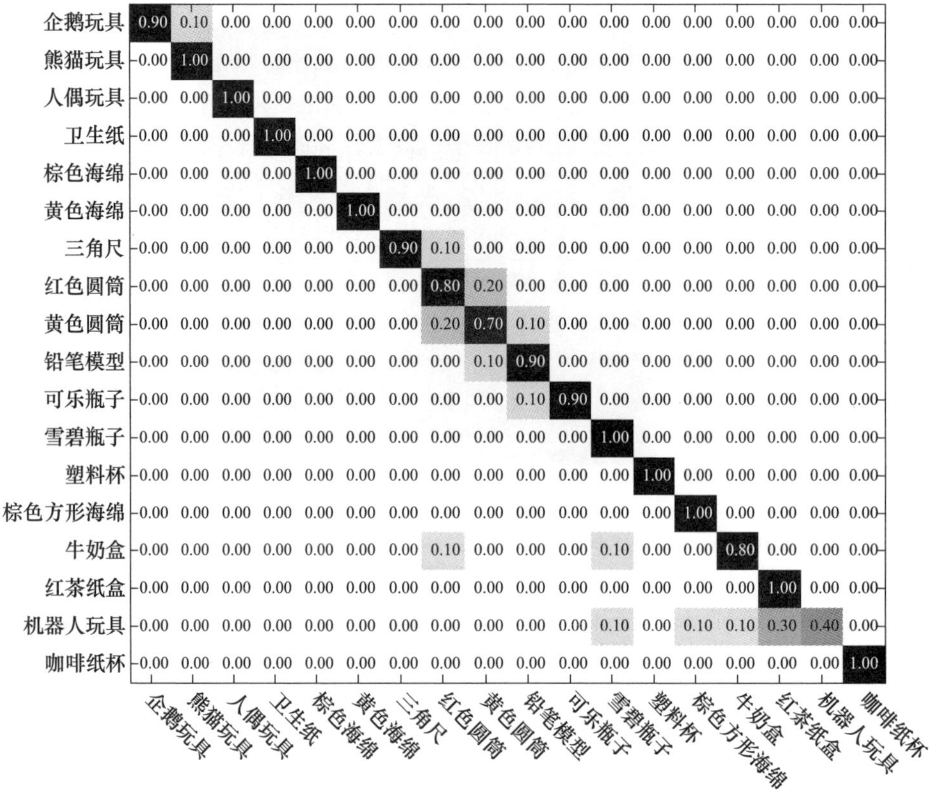

	企鹅玩具	熊猫玩具	人偶玩具	卫生纸	棕色海绵	黄色海绵	三角尺	红色圆筒	黄色圆筒	铅笔模型	可乐瓶子	雪碧瓶子	塑料杯	棕色方形海绵	牛奶盒	红茶纸盒	机器人玩具	咖啡纸杯
企鹅玩具	0.90	0.10	0.00	0.00	0.00	0.00	0.00	0.00	0.00	0.00	0.00	0.00	0.00	0.00	0.00	0.00	0.00	0.00
熊猫玩具	0.00	1.00	0.00	0.00	0.00	0.00	0.00	0.00	0.00	0.00	0.00	0.00	0.00	0.00	0.00	0.00	0.00	0.00
人偶玩具	0.00	0.00	1.00	0.00	0.00	0.00	0.00	0.00	0.00	0.00	0.00	0.00	0.00	0.00	0.00	0.00	0.00	0.00
卫生纸	0.00	0.00	0.00	1.00	0.00	0.00	0.00	0.00	0.00	0.00	0.00	0.00	0.00	0.00	0.00	0.00	0.00	0.00
棕色海绵	0.00	0.00	0.00	0.00	1.00	0.00	0.00	0.00	0.00	0.00	0.00	0.00	0.00	0.00	0.00	0.00	0.00	0.00
黄色海绵	0.00	0.00	0.00	0.00	0.00	1.00	0.00	0.00	0.00	0.00	0.00	0.00	0.00	0.00	0.00	0.00	0.00	0.00
三角尺	0.00	0.00	0.00	0.00	0.00	0.00	0.90	0.10	0.00	0.00	0.00	0.00	0.00	0.00	0.00	0.00	0.00	0.00
红色圆筒	0.00	0.00	0.00	0.00	0.00	0.00	0.00	0.80	0.20	0.00	0.00	0.00	0.00	0.00	0.00	0.00	0.00	0.00
黄色圆筒	0.00	0.00	0.00	0.00	0.00	0.00	0.00	0.20	0.70	0.10	0.00	0.00	0.00	0.00	0.00	0.00	0.00	0.00
铅笔模型	0.00	0.00	0.00	0.00	0.00	0.00	0.00	0.00	0.10	0.90	0.00	0.00	0.00	0.00	0.00	0.00	0.00	0.00
可乐瓶子	0.00	0.00	0.00	0.00	0.00	0.00	0.00	0.00	0.00	0.10	0.90	0.00	0.00	0.00	0.00	0.00	0.00	0.00
雪碧瓶子	0.00	0.00	0.00	0.00	0.00	0.00	0.00	0.00	0.00	0.00	0.00	1.00	0.00	0.00	0.00	0.00	0.00	0.00
塑料杯	0.00	0.00	0.00	0.00	0.00	0.00	0.00	0.00	0.00	0.00	0.00	0.00	1.00	0.00	0.00	0.00	0.00	0.00
棕色方形海绵	0.00	0.00	0.00	0.00	0.00	0.00	0.00	0.00	0.00	0.00	0.00	0.00	0.00	1.00	0.00	0.00	0.00	0.00
牛奶盒	0.00	0.00	0.00	0.00	0.00	0.00	0.10	0.00	0.00	0.00	0.10	0.00	0.00	0.00	0.80	0.00	0.00	0.00
红茶纸盒	0.00	0.00	0.00	0.00	0.00	0.00	0.00	0.00	0.00	0.00	0.00	0.00	0.00	0.00	0.00	1.00	0.00	0.00
机器人玩具	0.00	0.00	0.00	0.00	0.00	0.00	0.00	0.00	0.00	0.10	0.10	0.00	0.10	0.00	0.10	0.30	0.40	0.00
咖啡纸杯	0.00	0.00	0.00	0.00	0.00	0.00	0.00	0.00	0.00	0.00	0.00	0.00	0.00	0.00	0.00	0.00	0.00	1.00

图 5.10　视 – 触觉融合混淆矩阵

对比了触觉、图像和图像 – 触觉融合的 3 种模态下的最近邻分类的分类表现。其中列举了训练集/测试集 = 5/5、6/4、7/3、8/2 和 9/1 共 5 种不同划分比下的准确率,柱状图如图 5.11 所示。蓝色条形图代表图像信息分类结果,绿色条形图代表触觉信息分类结果,深红色条形图代表图像 – 触觉融合模态的分类结果,每个柱形顶端的"工"字长短,代表 10 次准确率的方差的大小,即准确率的波动值。通过柱状图可以看出,融合算法比触觉或图像单模态算法优越,而且融合算法准确率的方差也比较小。

在图 5.12 中,列举了训练集:测试集 = 9∶1 情况下,最近邻(分类)算法(KNN)不同 K 值($K=1,3,5$)准确率随机 10 次的平均值。图中蓝色条形图代表图像信息分类结果,绿色条形图代表触觉信息分类结果,深红色条形图代表图像 – 触觉融合模态的分类结果。从柱状图中可以看出,随着 K 值的增大,3 种模态分类准确率都有所下降,因此,可以得出结论:K 值的增大不影响分类器的分类表现。

第5章 视-触觉融合目标识别

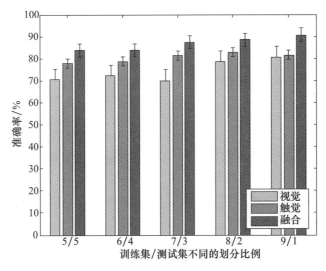

图5.11 3种不同模态准确率对比图(见彩插)

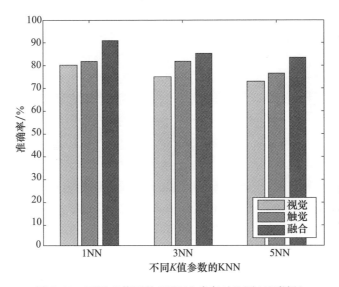

图5.12 不同K值下的KNN准确率对比图(见彩插)

在本章中,提出了一种图像-触觉信息对融合的算法,用于机器人物体分类测试。多层时间序列模型用来表达触觉时间序列,协方差描述子用来表征图像特征,最近邻分类算法融合两种模态信息,并进行物体分类。实验收集了一个包括18个日常实际物体的触觉-视觉信息对数据集用来验证算法。实验结果表明,触觉-视觉融合信息分类表现明显优于单模态。

第6章 滑觉检测

灵巧手的自适应抓取操作是机器人类人化的一个重要方面。灵巧手通过滑动检测,不断进行尝试并找到最佳抓取力对物体进行抓取,从而达到自适应抓取。物体与灵巧手之间的滑动是一种非稳定的状态,而滑觉检测模块的作用就是要检测出触觉信息中的非稳定特征。在本章中,将在6.1节对现有的滑觉检测方法进行总结,并在6.2节和6.3节详细介绍两种不同的滑觉检测方法。

6.1 滑觉检测概述

不同类型的触觉传感器,其输出信号以及对刺激的响应各不相同,由此衍生出多种滑觉检测算法。文献(Tremblay M R,et al,1993)提出了基于改进型表面加速度传感器的滑动检测算法。图6.1(a)的左半部分为指尖部分传感装置示意图。在指尖的内部、中心和侧向部位分别放置两个加速度计以获取手指在操作过程中由振动所产生的电压信号。振动由干扰噪声以及物体滑动而产生:在手指进行操作过程中自身发生抖动或者遭到外力作用时,指尖所产生的振动是均匀的,即指尖中部和侧向都产生振动;在指尖与物体接触并产生滑动时,由于指尖中部的作用力较大,因而,所产生的振动较小而侧向则产生较大的振动。因此,若两个加速度计在同一个采样区间内产生的信号都高于各自阈值,则产生干扰信号;若同一个采样区间内侧向加速度计的信号高于阈值,而中心加速度计的信号低于阈值,则产生的是滑动信号(图6.1(b))。在滑动信号产生时,通过末端力传感器测量当时的法向力和切向力,即

$$F_N = (F_T/\mu_s) \times K_s \tag{6-1}$$

得到摩擦系数后,在下一次接触时能够对滑动做出相应的预判。F_N、F_T、μ_s 和 K_s 分别为法向力、切向力、摩擦系数和安全系数。Kawamura等提出一种混合触觉系统用以辅助灵巧手的自适应抓取(Kawamura T,et al,2013),如图6.3所示。在该混合触觉系统中,触觉传感器用于检测滑动的产生。该传感器能够输出两种类型的信号:基于电阻(R成分)和电容(LC成分)的电压信号(图6.2(a))。当抓取力变小时,两种电压信号随时间的变化量逐渐增大;当变化量达

第6章 滑觉检测

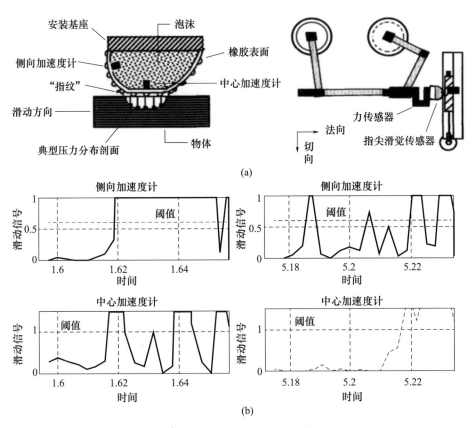

图6.1 基于双传感器的阈值滑动检测方法
(a)传感器及滑动检测装置示意图;(b)干扰信号与滑动信号检测。

到一定阈值时,即发生滑动(图6.2(b))。滑觉检测也应用于假手上用以检测滑动(Cotton D P J,et al,2007)。在假手上的传感器主要用于模拟人体皮肤的触觉,实时性要求较高,在对输出信号进行校正之后,便可根据信号是否超过预设阈值来判断滑动的产生(图6.3)。类似地,Teshigawara 等(Teshigawara S,et al,2009)在一款压阻式传感器上用相同的思路来检测滑动的产生,即当传感器的输出高于一定阈值即表明产生滑动。然而,简单的预设阈值只能检测出信号的突变,但是无法区分产生突变的原因,如传感器加载和卸载物体、物体发生滑动等。在 Teshigawara 的后续工作中,对原始的传感器输出信号进行小波变换并分离出信号的高频成分。实验表明,只有发生滑动时,分离出的高频成分会高于某个阈值(图6.4(a)),而在传感器加载和卸载物体时所产生的高频成分都低于该阈值(图6.4(b))。进一步的实验表明,该算法用于检测的阈值对于任何材质都是适用的。Cavallo(Cavallo A,et al,2014)等在获得切向力和法向力的基础上,提出一种基于简单线性卡尔曼滤波器的滑觉检测算法。通过滑觉检测算法来预估摩擦系数。同时,利用 KF 残余和摩擦系数来调整力控制。根据滑动摩擦系数小于静摩擦系数的原理,Baqer(Bager I A,et al,2014)通过传感器测量切向力和法向力,判断摩擦系数的变化是否超过某一特定的值来判断滑动。文献(朱树平,2012)采用离散小波变换,判断其细节系数是否超过阈值来检测滑动,同时排除法向力变化对检测结果带来的干扰。除了基于阈值的检测算法,还有一些算法使用机器学习的方法来进行滑觉检测。在传感器与物体接触的每一时刻,其输出信号与接触物的状态(滑动、静止以及预滑动等)之间存在着一种对应关系,这种对应关系可以用神经网络来进行准确的映射。对于接触物的状态,可以根据抓取的不同阶段来划分不同的状态,使用最近邻方法来进行分类。

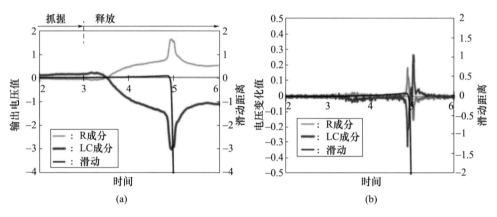

图 6.2　基于单传感器双输出的阈值滑动检测方法(见彩插)
(a)两种电压信号输出;(b)滑动信号检测。

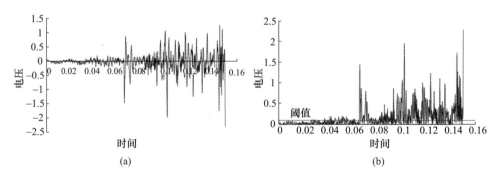

图 6.3　单传感器单输出的阈值滑动检测方法(见彩插)
(a)校正前输出电压信号;(b)校正后输出电压信号。

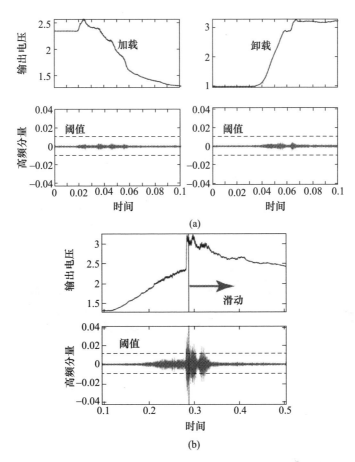

图 6.4　单传感器单输出的阈值滑动检测方法(见彩插)
(a)校正前输出电压信号;(b)校正后输出电压信号。

基于不同的传感器输出信号设定相应的阈值来判断滑动的方法,在实际应用中具有可操作性强、实时性高等优点。但是这种方法存在两个重要的弊端。首先,不同物体由于材质上的差异,其相应的阈值也有所不同,所以不同的物体,需要做大量的重复性实验,这就减弱了传感器在滑动检测上的泛化能力;其次,即使对于所有物体都可以用相同的阈值,确定一个准确的阈值也需要做大量的重复性实验来得到。

6.2　基于 Haar 小波的滑觉检测方法

本节将介绍一种基于 Haar 小波的滑觉检测方法。针对电容式多阵列传感器的点覆盖和面覆盖两种情况,采用不同的滑觉检测算法。算法的输入只考虑从初始状态到稳定抓取的信号序列,不处理释放物体时的信号。灵巧手的指尖安装了小型化的高精度、高密度的柔性触觉传感器,并可以适应指间的曲面(图6.5(a))。手掌部分安装的是大面积高精度、低空间分辨率的触觉传感器(图6.5(b))。这两种传感器的区别仅在于阵列排布的空间分辨率,每一个传感单元的结构与第2章中所标定的传感单元一致。在操作过程中,覆盖于曲面的多阵列传感器,受力多为点受力,也就是力对于传感器是点覆盖;覆盖于手掌上的多阵列传感器,受力可为点受力也可为面受力,即力对传感器既可以是点覆盖也可以是面覆盖。针对两种力覆盖方式,提出不同的滑动检测方法。

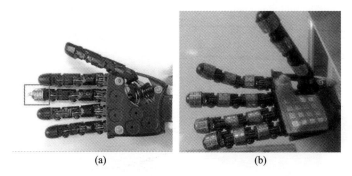

图 6.5 多阵列传感器应用场景示意图
(a)传感器覆盖于指尖部分;(b)传感器覆盖于掌心部分。

6.2.1 点覆盖滑觉检测算法

当传感器受力为点覆盖时,若受力点恰好为某个传感单元时,则该传感单元的输出值最大;若受力点落在传感单元之间的间隙中,由于传感器表面覆盖一层模拟人体皮肤的表面织物,该织物使得原本相互独立的各个传感单元之间的耦合度增大,带动受力点附近传感单元受力,选择输出值最大的传感单元,并以此传感单元作为近似的受力点。图6.6(a)为传感器点覆盖时,各个传感单元的受力大小示意图。受力越大,则立方柱越高,可以看到大部分传感单元受力为零;同时,由于表面织物的耦合作用,受力点邻近的两个传感单元也受到一定的作用力。当接触物与传感器之间发生滑动时,传感器的受力点发生转移,通过检测受力点是否发生变化,可得知滑动是否产生。因此,归纳在点覆盖情况下的滑动检测算法如下:

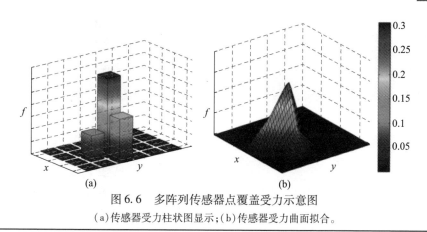

图 6.6　多阵列传感器点覆盖受力示意图
(a)传感器受力柱状图显示；(b)传感器受力曲面拟合。

算法 1　多阵列传感器点覆盖滑动检测算法

输入：传感器输出序列。
输出：滑动信号。
初始化：将第一次检测到传感器受力时的受力点作为滑动检测初始时刻受力点。

repeat
　计算当前时刻传感器输出中受力最大点，即输出信号的最大值所对应的点，并以此作为当前时刻受力点；
　若当前时刻受力点与上一时刻受力点相同，则没有产生滑动；若当前时刻受力点较上一时刻受力点改变，则滑动产生。
until 收到停止滑动检测信号。

为了验证点覆盖时滑动检测算法的有效性和准确性，用中性笔圆头笔帽在传感器上书写数字"3"和"4"，并观察受力点的走向。中性笔在传感器上书写的过程模拟点覆盖时滑动的情况。定义传感器的坐标系，各个传感单元由其所在的坐标标识。同时，对传感器阵列信号进行分段线性插值(图 6.6(b))，并将其投影至二维平面，以观测传感器受力分布及受力走势。图 6.7 和图 6.8 分别截取自数字"3"和"4"的书写序列，序列顺序自左至右、从上到下；图 6.9(b)和图 6.9(c)标明了图 6.7 和图 6.8 的书写走势。

从图 6.7 和图 6.8 可以看出，在表面织物的作用下，每个受力点至少有一个邻近的传感单元或多或少受力。这些受影响点的输出信号较大，从颜色上看，大多数都偏黄(图 6.7(c)、(d)、(g)、(i)、(k)、(l)，图 6.8(c)、(g)、(j))，甚至有的偏红(图 6.7(b)、(e)、(j)，图 6.8(e)、(h)、(i)、(k))。从以上的实验结果可知，将表面织物覆盖在多阵列传感器表面，能够近似地模拟人体触觉系统的特点：每个感知单元都不是孤立的个体，而是一个耦合度较高的整体。受力点的轨迹(图 6.9(b)、(c))与所书写的数字形象具有极高的相似度，从而验证了点覆盖时滑动检测算法的有效性和准确性。

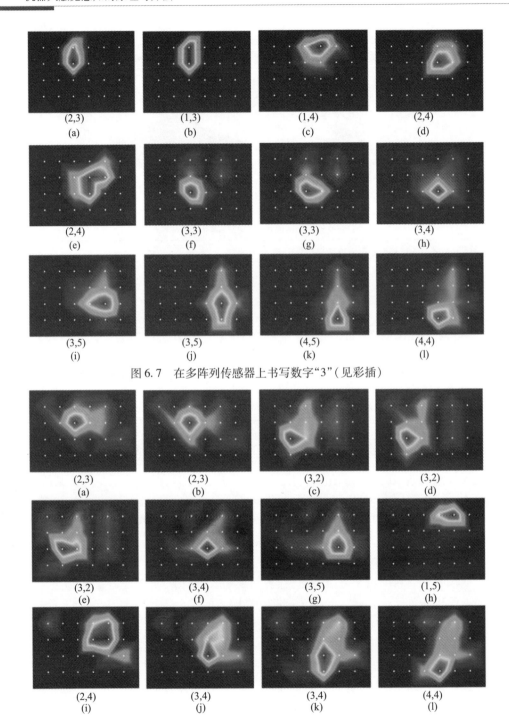

图 6.7　在多阵列传感器上书写数字"3"（见彩插）

图 6.8　在多阵列传感器上书写数字"4"（见彩插）

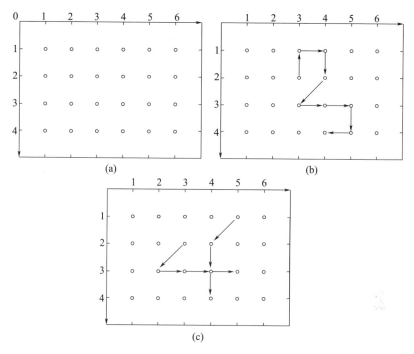

图 6.9 在多阵列传感器上书写数字
(a)传感器坐标系;(b)数字"3"书写走向;(c)数字"4"书写走向。

6.2.2 面覆盖滑觉检测算法

算法 2　多阵列传感器面覆盖滑动检测算法

输入:传感器输出序列。
输出:　滑动信号。
repeat
将当前输出序列进行离散 haar 小波变换,得到其高频成分;
若在高频成分中出现由负变正的高频成分对,则表明当前传感器加载;若在高频成分中出现由正变负的高频成分对,则表明产生了滑动。
until 收到停止滑动检测信号。

　　Mallat 算法的空间复杂度为 $O(N)$,其中 N 为时间序列的长度;同样地,$\{d_{j,m}\}_{m\in Z}$ 和 $\{D_{j+1,m}\}_{m\in Z}$ 的空间复杂度均为 $O(N)$。因此,面覆盖滑动检测算法的空间复杂度为 $O(N)$。小波分解的时间复杂度为 $O(N\log N)$;同样地,重构过程的时间复杂度也为 $O(N\log N)$。因此,滑动检测算法的时间复杂度为 $O(N\log N)$。由于使用的是 Haar 小波,所以输入信号的长度必须为 $N=2^n$,同时,

N 必须足够短以确保能够及时检测到滑动信号。

对本节中提出的方法进行实验验证。实验装置如图 6.10(a) 所示,测力计被固定在一个架台上以提供垂直方向的法向力,测力计下方固定一个架子用以夹持固定接触物,传感器则放置在接触物底部。实验过程中,测力计以 5N 大小的压力作用于接触物;为模拟实际抓取过程中的滑动情况,待接触物与传感器接触稳定后,对传感器施以水平方向的力以模拟滑动;在传感器与接触物之间发生相对滑动后,立即停止水平方向的力;数据采集程序则从物体与传感器接触开始记录数据,直到接触物从传感器上卸载。实验用接触物包括纸盒、绒毛玩具、玻璃瓶、橡胶印章、锁、乒乓球、木头印章等。

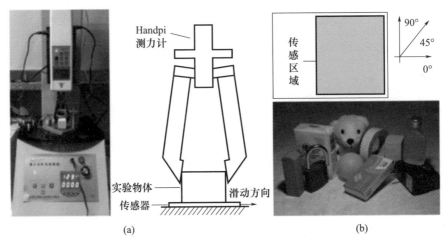

图 6.10 实验说明

(a)Handpi 测力计;(b)传感器坐标系定义及实验物体。

从图 6.11(a)~(d) 中可以看到,虽然测力计施加在接触物上的力是一样的,但是在接触物加载到传感器时以及接触物与传感器之间发生相对滑动时传感器的输出信号大小却是不一样的,这就无法对不同接触物使用统一的阈值来区分加载和滑动这两种滑动信号。然而,这些输出信号在加载和滑动时的变化趋势都是相同的:加载瞬间,传感器受力变大,输出信号增大;滑动产生时,传感器受力减小,输出信号减小。使用 Haar 离散小波变换分离信号高频成分(图 6.11(e)~(h))可以看到,各种材质的接触物在加载到传感器上时,高频信号对的变化趋势由负变正;当接触物与传感器之间发生相对滑动时,高频信号对的变化趋势由正变负。传感器对于滑动信号的响应不受滑动方向的制约,即滑动方向不改变高频信号的变化趋势。在相同的实验平台上,使用相同接触物进行实验,以图 6.11(b) 中坐标系为准,使得接触物在相对于传感器在 0°、45° 和

90°这3个方向产生滑动,并采集不同滑动方向的输出信号。由图6.12可以看到,在不同滑动方向下,输出信号的高频分量在滑动产生时的变化趋势是一致的:加载时,高频分量对由负变正;滑动时,高频分量对由正变负。该算法的优点在于泛化能力强,不受物体材质影响,不依赖于对材质的先验知识。相比于基于阈值检测算法,既不需要对某类材质物体进行大量重复实验以获取最优阈值,也不需要寻找不同材质物体的最优阈值;同时,相比于基于机器学习方法,该检测算法不需要收集大量训练样本进行训练,在时间和空间上的复杂度较低。

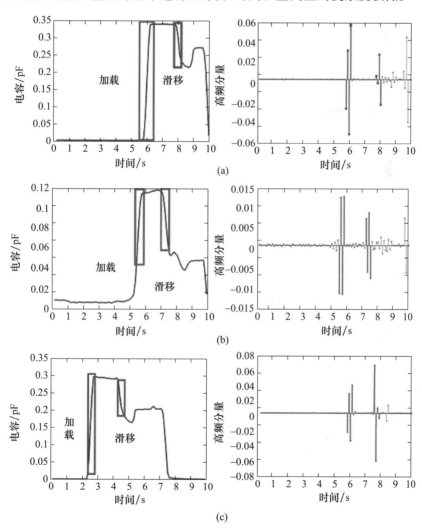

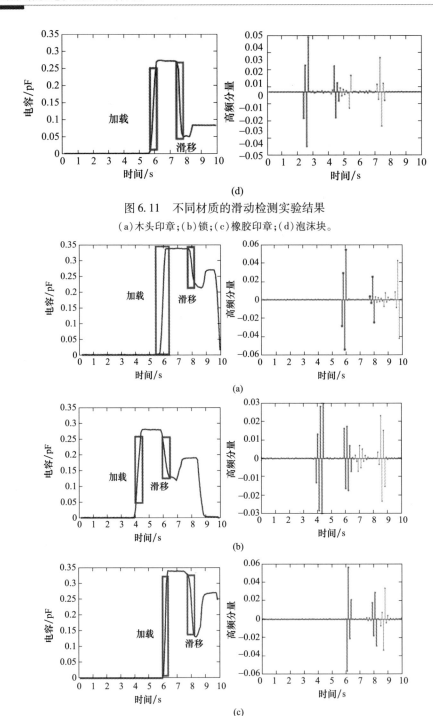

(d)

图6.11 不同材质的滑动检测实验结果

(a)木头印章;(b)锁;(c)橡胶印章;(d)泡沫块。

图6.12 不同滑动方向下的滑动检测实验结果

(a)0°;(b)90°;(c)45°。

本节针对于多阵列传感器的不同应用场景,提出基于点覆盖和面覆盖的滑动检测算法。当传感器处于点覆盖状态时,根据传感器与接触物之间受力点的变化来检测滑动的产生;通过追踪受力点的变化轨迹,还可以判断滑动的方向以及滑动路径,这通过在传感器上书写数字得以很好地进行验证。当传感器处于面覆盖时,受力点多,因此,对传感器的输出信号进行均值滤波后输出。对于输出的信号序列,采用离散小波变换提取出信号的高频成分。由于 Haar 小波具有非连续、可微分、非对称的特点,适合于描述瞬时变化的信号,所以采用 Haar 小波进行离散小波变换。变换后所得高频成分是成对、大小相等、方向相反的信号对,并且在接触物加载时,信号对变化趋势由负变正,滑动时由正变负。该方法泛化能力强,不受材质和先验知识的制约。

当物体与传感器之间发生滑动时,传感器的法向力减小,导致输出信号减小,因此,在离散 Haar 小波变换之后提取的高频分量,在滑动瞬间的变化趋势由正变负。在物体与传感器点接触且发生滑动时,当前时刻受力点的法向力减小,与此同时,下一时刻受力点的法向力增加。因而,在对各个传感单元输出信号进行均值滤波之后的信号几乎没有发生变化,也就几乎没有高频分量。因此,针对这两种传感器受力情况采用相异的两种滑动检测算法。

6.3 基于机器学习的滑觉检测方法

滑觉检测也是一个分类问题,而机器学习可以很好地解决分类问题。因此,本节将介绍一种基于无监督学习提取特征再建立分类器模型的方法来进行滑觉检测。

6.3.1 滑动数据集

由于采用机器学习的方法进行滑觉检测,就需要预先进行数据的采集。数据采集平台如图 6.13 所示。为了还原最真实的滑动情况,在实验中尽可能采用最小的力去抓取物体,也就是当触觉传感器的最大值超过一个较小的阈值时,就将物体抬起,以此来获得滑动。实验中,为了获得滑动,不断改变物体的放置方式来寻求能够产生滑动的最佳位置。选取形状、大小、质量各异的 8 种物体来建立滑动数据集,每种物体选取 2 组有效的滑动数据序列。数据集中的物体如图 6.14 所示。图片中所有物体均以 A4 纸作为背景,可观测出相对大小。其中,黄色薯片桶和红色薯片桶的区别在于质量不同,黄色薯片桶为空心,红色薯片桶中则填充了重物。第二排左起第一个罐子为三棱柱形。

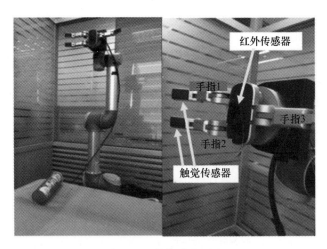

图 6.13　数据采集平台

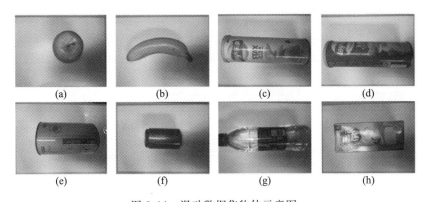

图 6.14　滑动数据集物体示意图

(a)苹果；(b)香蕉；(c)黄色薯片桶；(d)红色薯片桶；(e)罐子；(f)易拉罐；(g)塑料瓶；(h)纸盒。

在执行抓取过程时，将 Barrett 机械手底部可活动的两个手指(1 号手指和 2 号手指)并拢，也就是说，放弃两个手指的相对自由度，将 Barrett 机械手看作两指夹持器使用。所以，在抓取物体时，只要手指 3 和手指 1(或者手指 2)的 24 个触觉传感器的最大值同时超过设定的阈值，就认为成功抓到物体。为了获得滑动，这个阈值设定为 1.5。通常情况下，机械手在接触物体的瞬间会发生力的突变，突变后的力往往超过这个阈值。从另一个意义上来讲，其实就是在接触到物体后就进行下一步操作。为了能够连续进行采样，在测试结束后判断物体是否依然在机械手中。若 3 个手指任意一方的触觉传感器最大值超过 0.5(这个值稍高于通过实验测试出的空手时的噪声平均值)，就判断手中仍有物体。此时，将物体放回原来的位置便于下一次采样。

在机械手还未抓取到物体时,红外传感器面对的是连续变化的环境,此时,滑动还未发生,但红外测定的距离却发生了变化。因此,采用红外与触觉联合标定的方法。为了去除红外噪声,还采取对输出的模拟电压值滑动平均的方式。然后,用拟合出的距离函数将电压值 V 转换成距离值 d,根据当前帧与上一帧的差值是否超过它的测量精度 0.02mm 来判定滑动。通过人工 500 次采集数据标定拟合出的距离函数为

$$d = \frac{11010}{V^{1.082}} \quad (6-2)$$

采集到的滑动数据集示例如图 6.15 所示。

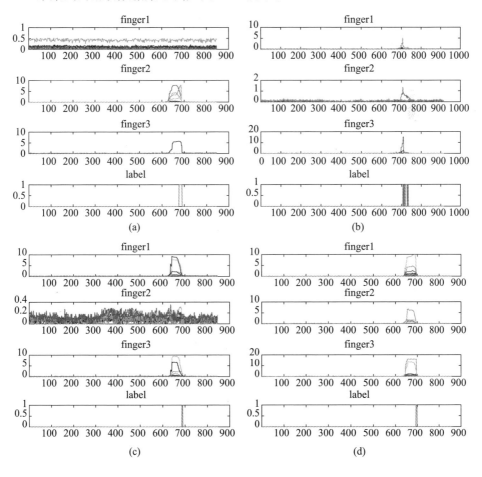

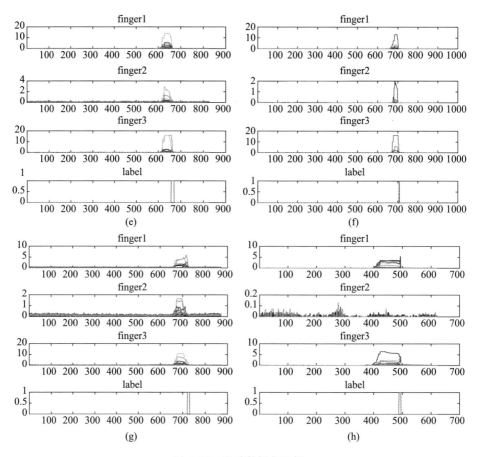

图 6.15 滑动数据集示例

(a)苹果;(b)香蕉;(c)黄色薯片桶;(d)红色薯片桶;(e)罐子;(f)易拉罐;(g)塑料瓶;(h)纸盒。

从上述 8 幅图中可以看到,滑动时触觉信号会有一个明显的下降。虽然个别标签相对于触觉信号表现出了一定的迟滞性,但均能在滑落前检测出滑动的发生,及时对抓取力进行调整以避免滑掉落。

6.3.2 滑觉检测方法

本节中的滑觉检测方法基于机器学习方法,采用窗口匹配追踪算法作为特征提取方式,采用 SVM 算法作为分类器。下面将对这两个部分进行分别叙述。

本节中的特征提取算法基于分层匹配追踪,这一节中,将首先介绍分层匹配追踪算法。分层匹配追踪主要包括两个步骤,即使用 K-SVD 算法进行稀疏编码的字典学习,然后使用匹配追踪编码得到更高层次的特征。随后,基于匹配追踪编码的基础上说明分层匹配追踪的概念,引出本方法中所用的窗口匹配追踪。

K-SVD 是一种用于压缩感知领域简单有效的字典学习方法。事实上,它可以看做是 K-Means 的一种升级,是它的广义版本,最大区别在于 K-SVD 依次地每次只更新字典中的一项。从原始数据中采样,将触觉帧分成规定大小的块,基于这些块进行字典学习。假设块的大小为 $a \times a$,令 $h = a \times a$,则输入样本的维度为 h。输入 n 个样本,可知样本空间的大小为 $h \times n$,所有样本可表示为 $\boldsymbol{Y} = [\boldsymbol{y}_1, \boldsymbol{y}_2, \cdots, \boldsymbol{y}_n] \in \mathbf{R}^{h \times n}$。假设规定的字典容量为 m,则待学习的字典可表示为 $\boldsymbol{D} = [\boldsymbol{d}_1, \boldsymbol{d}_2, \cdots, \boldsymbol{d}_n] \in \mathbf{R}^{h \times m}$。$\boldsymbol{d}_i$ 是字典中的第 i 个码字,其维度与采样块的维度相同。稀疏编码的过程实际上就是将原始采样块表示成字典中码字线性组合的过程。所有样本编码后的稀疏码矩阵可表示为 $\boldsymbol{X} = [\boldsymbol{x}_1, \boldsymbol{x}_2, \cdots, \boldsymbol{x}_n] \in \mathbf{R}^{m \times n}$。字典学习的目的就是最小化重建误差(原始采样块与采用稀疏码结合字典恢复的数据差值),即

$$\min_{\boldsymbol{D}, \boldsymbol{X}} \| \boldsymbol{Y} - \boldsymbol{D}\boldsymbol{X} \|_F^2 \quad \text{s.t.} \quad \forall m, \| \boldsymbol{d}_m \| = 1, \forall i, \| \boldsymbol{x}_i \|_0 \leq K \quad (6-3)$$

式中:$\| \cdot \|_F$ 是 Frobenius 范数,零范数 $\| \cdot \|_0$ 计算在稀疏码 x_n 中非零项的数量,稀疏等级 K 其实就是非零项的数量的上限值。

K-SVD 以一种交替的方式解决优化问题(式(6-3))。第一步,先固定字典 $\boldsymbol{D}$,去求解最优的稀疏码矩阵 $\boldsymbol{X}$。如果这样,这个问题就可以被分解成 n 个子问题,也就是去分别求解最优的稀疏码 x_i,即

$$\min_{x_i} \| \boldsymbol{y}_i - \boldsymbol{D}\boldsymbol{x}_i \|^2 \quad \text{s.t.} \quad \| \boldsymbol{x}_i \|_0 \leq K \quad (6-4)$$

选择使用正交匹配追踪(OMP)算法去求它的近似解,这一算法会在下一节中详细介绍。第二步,使用奇异值分解的方法来更新字典 $\boldsymbol{D}$ 和稀疏码矩阵 $\boldsymbol{X}$。当对字典进行第 k 次更新时,式(6-3)可以被改写成

$$\| \boldsymbol{Y} - \boldsymbol{D}\boldsymbol{X} \|_F^2 = \| \boldsymbol{Y} - \sum_{j \neq k} \boldsymbol{d}_j \boldsymbol{x}_j^T - \boldsymbol{d}_k \boldsymbol{x}_k^T \|_F^2 = \| \boldsymbol{E}_k - \boldsymbol{d}_k \boldsymbol{x}_k^T \|_F^2 \quad (6-5)$$

式中:$\boldsymbol{x}_j^T$ 是 $\boldsymbol{X}$ 的第 j 行;$\boldsymbol{E}_k$ 是第 k 次使用正交匹配追踪求解稀疏矩阵后的当前残余矩阵。对 $\boldsymbol{E}_k$ 进行奇异值分解,即 $\boldsymbol{E}_k = \boldsymbol{U}_k \boldsymbol{\Lambda}_k \boldsymbol{V}_k^T$。$\boldsymbol{U}_k$ 和 $\boldsymbol{V}_k$ 均有一组正交列向量构成,$\boldsymbol{\Lambda}_k$ 是对角矩阵,如果它的元素是由大到小排列,其实也就表示 $\boldsymbol{E}_k$ 的主要能量在对应的正交分量上由大到小排列。在上述假设下,就可选择 $\boldsymbol{U}_k$ 的第一个列向量作为更新后的 $\boldsymbol{d}_k$,选择 $\boldsymbol{V}_k$ 的第一个行向量作为更新后的 $\boldsymbol{x}_j^T$。在这个过程中,为了避免引入新的非零项,在计算 $\boldsymbol{E}_k$ 时,仅使用那些涉及到字典中第 k 个码字的项。也就是说,如果 $\boldsymbol{x}_j$ 中的第 k 项为零,就计算对应的 $\boldsymbol{y}_i - \boldsymbol{D}\boldsymbol{x}_i$ 作为 $\boldsymbol{E}_k$ 的第 j 行,否则,就不进行计算,$\boldsymbol{E}_k$ 的第 j 行为一个零向量。以上所述的两步交替进行,直到字典 $\boldsymbol{D}$ 收敛。事实上,当把稀疏等级 K 设置为 1 时,稀疏码矩阵就变成一个 0/1 矩阵,此时的 K-SVD 就相当于 K-Means 算法。

在窗口匹配追踪算法中，匹配追踪编码分为以下3步：批量树形正交匹配追踪、空间金字塔最大池化和归一化处理。针对这3个部分进行分别阐述。

正交匹配追踪算法运用贪心的思想去解决优化问题(式(6-4))，计算出一个近似解。在这个算法中，当通过计算残差和字典中各码字内积选取最大值的方式选择第k个字典中的码字后，就将观测值y(也就是之前说的采样块)重新正交投影到所有已选择的码字的方向上，然后重新计算出新的稀疏码和残差。新的稀疏码和残差计算方式为

$$x_I = \arg \min_x \| y - D_I x \|_2 \tag{6-6}$$

$$r_I = y - D_I x_I \tag{6-7}$$

式中：D_I是已经选择的字典中码字的集合；I是已选择码字的下标索引集合。式(6-6)可以通过最小二乘法来求解，根据最小二乘法的性质，如果$D_I^T D_I$非奇异，则x有唯一解，即

$$x_I = (D_I^T D_I)^{-1} D_I^T y \tag{6-8}$$

所以，不需要每次更新都重新去计算稀疏码中的值，新的稀疏码可以通过最小二乘法求得。只要在$D_I^T y$后面再加一项$d_i^T y$，构成新的$D_I^T y$。d_i是刚刚选择的码字(假设选择的第k个码字在字典D中的下标为i)。由于$D_I^T D_I$是对称正定的，可以通过对其进行Cholesky分解来求它的逆矩阵。这个过程会被不断重复直到将所需的k个码字全部选出。

因为要使用正交匹配追踪基于同一个字典去计算大量的稀疏码，可以使用批量正交匹配追踪的方法去减小算法的时间复杂度。在这种方法中，简化了最耗时地选择新码字的步骤，不再需要每一步都计算出稀疏码x_I和残差r_I。令$\alpha = D^T r_I$，则

$$\alpha = D^T r_I = D^T (y - D_I (D_I^T D_I)^{-1} D_I^T y) = \alpha^0 - H_I H_{II}^{-1} \alpha_I^0 \tag{6-9}$$

式中：$\alpha^0 = D^T y$；$H = D^T D$；H_{II}是H的子阵，包含列下标和行下标均在集合I中的元素。

然后选择α中的最大值α_k，将字典中下标为k作为本次选择的码字。从式(6-9)中看出，在提前计算出α_0和H的情况下，每一次更新α的时间复杂度变为$O(mk)$，而原来的正交匹配追踪中选择一个新的码字(计算残差和字典中所有码字的内积)的时间复杂度为$O(mh)$。在正交匹配追踪算法中，y的维度为h，所以选择h个码字就可以准确地重构出观测值y，因此$k \leqslant h$。当h增大时，搜索新的码字的耗时将迅速超过预先计算出α_0和H的耗时。当使用一个过完备字典时，k往往远小于h。

预计算出H的时间复杂度为$O(m^2 h)$，空间复杂度为$O(m^2)$，当字典非常

大时,这一步对于时间和空间的占用也是非常可观的。为了克服这一问题,使用树形结构来储存字典。所以,这种方法命名为树形批量正交匹配追踪。该方法使用 K – Means 聚类的方式将原本的字典 D 划分成 l 个子字典 $\{D_1, D_2, \cdots, D_l\}$,每个子字典有一个聚类中心,所有的聚类中心构成一个新的矩阵 $C = [c_1, c_2, \cdots, c_l]$。这样,选择新的码字的过程就可以分为以下两步:首先,从矩阵 C 中选择一个与残差最匹配的码字;然后,再从以这个码字为聚类中心的子字典中进行二次选择。树形批量匹配追踪中,更新所选码字这一步的时间复杂度就被降到 $O\left(lk + \dfrac{mh}{l}\right)$,空间复杂度降到 $O(lm)$。当 $l = m$ 时,树形批量正交匹配追踪就相当于批量正交匹配追踪。

空间金字塔最大池化的目的本来是将任意尺寸的特征图都能转化成相同维度的特征向量,但在这里的触觉信息输入特征维度本身就是相同的(从原始触觉图中提取出的特征块数量相同),所以,这个步骤的目的在于从一些在空间上高度相关的特征块中提取不同的、更高层次的特征。这些特征块都是从同一原始触觉图中提取出的,而且其序号与在原始图中的位置相关(图 6.16)。

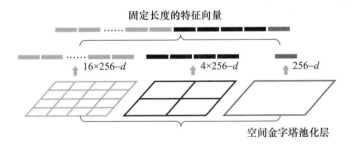

图 6.16 金字塔池化示意图

空间金字塔是一种非常形象的描述,它是不同层次特征的堆叠,由上往下,特征量逐渐增多。在第一层,从所有特征块中选取最大值,这一层只有一个单独的空间元,空间元中包含所有特征块。池化后特征的维度就是上一节经过正交匹配追踪编码后稀疏码的维度 m,在每个维度上分别选取最大值。第二层,将所有特征块分成 4 个空间元,每一个空间元分别进行最大池化,就可以得到 4 个特征向量,以此类推。假定的金字塔总共有 o 层,第 o 层有 P_o 个池化后的空间元。用字母 Q 来表示一个空间元,则最大池化后的空间元可以表示为

$$F(P) = \left[\max_{j \in P}|x_{j1}|, \cdots, \max_{j \in P}|x_{jm}|\right] \tag{6-10}$$

将这些不同空间元池化后得到的特征向量连接起来,就组成的多层特征向量,即

$$F(\boldsymbol{Q}) = [F(Q_1^1), \cdots, F(Q_1^{P_1}), \cdots, F(Q_o^{P_o})] \quad (6-11)$$

不管是针对图像数据还是触觉数据,稀疏码的值都在一个较大的范围内变化,所以有必要对其进行归一化处理获得更好的识别效果。这里使用"岭回归",即 L2 归一化对池化后的特征向量进行处理。对于一个池化后的多层特征向量 $\boldsymbol{Q}$,其归一化形式如下:

$$\overline{F}(\boldsymbol{Q}) = \frac{F(\boldsymbol{Q})}{\sqrt{\|F(\boldsymbol{Q})\|^2 + \varepsilon}} \quad (6-12)$$

式中:ε 是一个非常小的正数,用来防止分母为零的情况出现。在整个模型的不同层中,这个值可以被改变用来使特征之间更有区分度。一般来说,随着层数的增加,编码程度的变深,这个值会被设定得越来越小。

分层匹配追踪就是将上一层匹配追踪编码的输出作为下一层的输入,重复稀疏编码、正交匹配追踪、金字塔池化、归一化的过程。一般来说,高一层会从更大规模的次一级特征中提取特征。以图像数据来举例,如果第一层是将图像分成图像块去进行特征提取的,那么,第二层就可能会从整个图像中提取出的特征聚合起来去进行图像层面的特征提取。此外,也可以增加更多的层数来提取更深层次的特征。针对触觉数据,由于一帧的维度为 8×9,在第一层就是基于整个触觉帧去进行特征提取的,所以仅使用单层匹配追踪。之后,将滑动窗内的特征以全连接的方式构成最终特征向量,称为窗口匹配追踪。整体流程如图 6.17 所示。

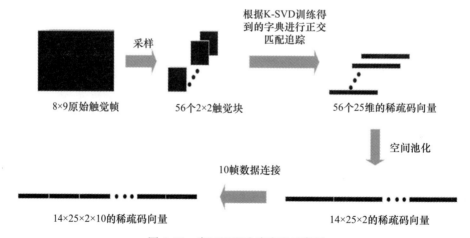

图 6.17 窗口匹配追踪流程示意图

使用无监督学习的方法对原始数据进行特征提取之后,将基于这些提取出的特征和采集得到的分类标签使用监督学习的方法进行分类器的学习。目前,机器学习中常用的分类算法有逻辑回归(Logistics)、决策树、SVM 支持向量机等。逻辑回归相对于其他算法来说,拥有速度快、耗时少的优势,而且模型简单,但是其性能会随着特征空间的增大而下降。决策树在训练分类器的过程中会考虑到不同特征维度之间的相互作用,但存在过拟合的现象。SVM 可以处理线性分类和非线性分类,而且针对于样本比例分布不均匀的二分类问题也能得到很好的效果,因此选用了这种分类器。

滑觉检测研究的是二分类问题,事实上,多分类问题也是在二分类问题的基础上进行研究的。二分类即完成在特征空间内按照标签将不同类别分离的任务。线性分类器就是表示为一个超平面的分类器,相对地,非线性可能是曲面或者几个超平面的组合。当输入特征是二维时,线性分类器即可表示为一条直线。图 6.18(a)中所有的直线都是线性分类器,而分类算法的意义则是尽可能去寻求一个最佳的线性分类器。

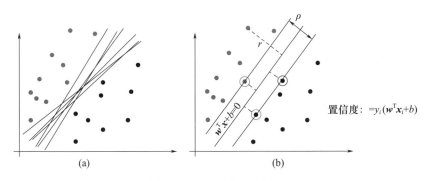

图 6.18　SVM 原理示意图
(a)线性分类器;(b)超平面和支持向量。

将分类器的输入即特征,用 x 表示,分类器的输出即标签,用 y 表示。对于二分类问题,y 的值域即为$\{1,-1\}$。根据上一节对线性分类器的描述,这个超平面可以用下式来描述:

$$w^T x + b = 0 \tag{6-13}$$

如图 6.18(b)位于超平面左侧的特征点符合 $w^T x + b > 0$,位于超平面右侧的特征点符合 $w^T x + b < 0$,则整个分类器可以表示下述函数:

$$y = f(x) = \text{sign}(w^T x + b) \tag{6-14}$$

对于一个特征点 x_i,可以求出它到这个超平面的距离,也就是常说的几何距离。在二维平面内的点到距离的求法可以被推广到多维平面,可知距离为

$$r = \frac{|w^T x_i + b|}{\|w\|} \tag{6-15}$$

距分类超平面最近的特征点就是支持向量,即 6.18 图中被圈中的特征点。在求解出支持向量机模型后,只需要存储支持向量,既可以对测试集进行分类。对于超平面两侧的支持向量,都可以找到一个与分类超平面平行的超平面,这两个超平面称为支持超平面,它们之间的函数距离即称为分类间隔,用 ρ 表示。使用分类间隔为 ρ 的分类器将训练集 $\{(\boldsymbol{x}_i,y_i)\}_{i=1}^N, \boldsymbol{x}_i \in \mathbf{R}^d$ 中所有的特征点分类。针对每个训练样本 $(\boldsymbol{x}_i, y_i)$,满足以下约束:

$$\begin{cases} \boldsymbol{w}^T \boldsymbol{x}_i + b \leqslant -\rho/2, & y_i = -1 \\ \boldsymbol{w}^T \boldsymbol{x}_i + b \geqslant \rho/2, & y_i = 1 \end{cases} \quad (6-16)$$

式(6-16)等价于

$$y_i(\boldsymbol{w}^T \boldsymbol{x}_i + b) \geqslant \rho/2 \quad (6-17)$$

对于支持向量,则满足

$$y_s(\boldsymbol{w}^T \boldsymbol{x}_s + b) = \rho/2 \quad (6-18)$$

为寻求一个最大的分类间隔 ρ,目标问题可表示为

$$\hat{\rho} = \arg\max_{\rho} \rho \quad \text{s.t.} \ y_i(\boldsymbol{w}^T \boldsymbol{x}_i + b) \geqslant \frac{\rho}{2}, \forall i = 1, 2, \cdots, N \quad (6-19)$$

式中:w、b 和 ρ 都是待确定的,但已知 w 和 b 的情况下,可以确定 ρ。所以将 w 内的每一个元素以及 b 除以 $\rho/2$ 作为新的 w 和 b,则式(6-19)可表示为

$$y_s(\boldsymbol{w}^T \boldsymbol{x}_s + b) = 1 \quad (6-20)$$

接下来确定一种目标表示的方法。事实上,几何距离和对应函数距离之间相差一个乘数子 $\|\boldsymbol{w}\|$。此时的分类函数间隔为 2,分类几何间隔为 $\frac{2}{\|\boldsymbol{w}\|}$。目的仍为寻求最大分类间隔,直观地,问题可表述为

$$\hat{\boldsymbol{w}} = \arg\max_{\boldsymbol{w}} \frac{2}{\|\boldsymbol{w}\|} \quad \text{s.t.} \ y_i(\boldsymbol{w}^T \boldsymbol{x}_i + b) \geqslant 1, \forall i = 1, 2, \cdots, N \quad (6-21)$$

等价于

$$\hat{\boldsymbol{w}} = \arg\min_{\boldsymbol{w}} \frac{1}{2} \|\boldsymbol{w}\|^2 \quad \text{s.t.} \ y_i(\boldsymbol{w}^T \boldsymbol{x}_i + b) \geqslant 1, \forall i = 1, 2, \cdots, N \quad (6-22)$$

可以看出,此时又涉及凸优化的范畴,这个问题转化成一个 QP 问题。

接下来,将对拉格朗日和对偶问题进行重点推导。

假设 $b = 0$,对于上述有不等约束的优化问题,可以使用拉格朗日乘子求解。首先将约束条件并入转化为如下函数:

$$L(\boldsymbol{w}, \boldsymbol{\alpha}) = \frac{1}{2} \|\boldsymbol{w}\|^2 - \sum_{i=1}^{N} \alpha_i(y_i \boldsymbol{w}^T \boldsymbol{x}_i - 1) \quad (6-23)$$

由于满足以下两式:

$$\boldsymbol{\alpha} = (\alpha_1, \alpha_2, \cdots, \alpha_N)^T \geqslant 0 \quad (6-24)$$

$$y_i \boldsymbol{w}^T \boldsymbol{x}_i \geq 1, \quad \forall i = 1, 2, \cdots, N \qquad (6-25)$$

可以推出

$$\sum_{i=1}^{N} \alpha_i (y_i \boldsymbol{w}^T \boldsymbol{x}_i - 1) \geq 0 \qquad (6-26)$$

故可得

$$\max_{\boldsymbol{\alpha}} L(\boldsymbol{w}, \boldsymbol{\alpha}) = \frac{1}{2} \| \boldsymbol{w} \|^2 \qquad (6-27)$$

所以可以将原优化问题表达成如下形式：

$$\min_{\boldsymbol{w}} \frac{1}{2} \| \boldsymbol{w} \|^2 = \min_{\boldsymbol{w}} \max_{\boldsymbol{\alpha}} L(\boldsymbol{w}, \boldsymbol{\alpha}) \qquad (6-28)$$

上述问题的对偶问题为 $\max_{\boldsymbol{\alpha}} \min_{\boldsymbol{w}} L(\boldsymbol{w}, \boldsymbol{\alpha})$，接下来将证明原问题和对偶问题具有相同的解。对这个对偶问题进行展开：

$$\begin{aligned} \max_{\boldsymbol{\alpha}} \min_{\boldsymbol{w}} L(\boldsymbol{w}, \boldsymbol{\alpha}) &= \max_{\boldsymbol{\alpha}} \left[\min_{\boldsymbol{w}} \frac{1}{2} \| \boldsymbol{w} \|^2 - \max_{\boldsymbol{w}} \sum_{i=1}^{N} \alpha_i (y_i \boldsymbol{w}^T \boldsymbol{x}_i - 1) \right] \\ &= \min_{\boldsymbol{w}} \frac{1}{2} \| \boldsymbol{w} \|^2 - \max_{\boldsymbol{\alpha}} \max_{\boldsymbol{w}} \sum_{i=1}^{N} \alpha_i (y_i \boldsymbol{w}^T \boldsymbol{x}_i - 1) \end{aligned} \qquad (6-29)$$

由式(6-24)和式(6-25)可知，仅在 $\boldsymbol{\alpha} = (\alpha_1, \alpha_2, \cdots, \alpha_N)^T = 0$ 或者 $y_i \boldsymbol{w}^T \boldsymbol{x}_i - 1 = 0$，$\forall i = 1, 2, \cdots, N$ 的情况下，$\sum_{i=1}^{N} \alpha_i (y_i \boldsymbol{w}^T \boldsymbol{x}_i - 1)$ 的最大值为0，其余情况下最大值均为正无穷。在满足 $\boldsymbol{\alpha} = (\alpha_1, \alpha_2, \cdots, \alpha_N)^T = 0$ 或者 $y_i \boldsymbol{w}^T \boldsymbol{x}_i - 1 = 0$，$\forall i = 1, 2, \cdots, N$ 的前提下，可以得到

$$\max_{\boldsymbol{\alpha}} \min_{\boldsymbol{w}} L(\boldsymbol{w}, \boldsymbol{\alpha}) = \min_{\boldsymbol{w}} \frac{1}{2} \| \boldsymbol{w} \|^2 \qquad (6-30)$$

综合式(6-28)和式(6-30)可知，由式(6-23)~式(6-25)可以推出

$$\max_{\boldsymbol{\alpha}} \min_{\boldsymbol{w}} L(\boldsymbol{w}, \boldsymbol{\alpha}) = \min_{\boldsymbol{w}} \max_{\boldsymbol{\alpha}} L(\boldsymbol{w}, \boldsymbol{\alpha}) = \min_{\boldsymbol{w}} \frac{1}{2} \| \boldsymbol{w} \|^2 \qquad (6-31)$$

上述3个问题有相同的最优解 $\hat{\boldsymbol{w}}$。将解代入式(6-27)和式(6-30)，可分别得到

$$\max_{\boldsymbol{\alpha}} L(\hat{\boldsymbol{w}}, \boldsymbol{\alpha}) = \frac{1}{2} \| \hat{\boldsymbol{w}} \|^2 \qquad (6-32)$$

$$\max_{\boldsymbol{\alpha}} \min_{\boldsymbol{w}} L(\boldsymbol{w}, \boldsymbol{\alpha}) = \frac{1}{2} \| \hat{\boldsymbol{w}} \|^2 \qquad (6-33)$$

由式(6-32)和式(6-33)可以推得

$$\min_{\boldsymbol{w}} L(\boldsymbol{w}, \boldsymbol{\alpha}) = L(\hat{\boldsymbol{w}}, \boldsymbol{\alpha}) \qquad (6-34)$$

也就是说，$L(\boldsymbol{w}, \boldsymbol{\alpha})$ 在 $\hat{\boldsymbol{w}}$ 处取得最小值，$\hat{\boldsymbol{w}}$ 是 $L(\boldsymbol{w}, \boldsymbol{\alpha})$ 的一个极值点，即

$$\frac{\partial L(\boldsymbol{w},\boldsymbol{\alpha})}{\partial \boldsymbol{w}}|_{\boldsymbol{w}=\hat{\boldsymbol{w}}}=0 \qquad (6-35)$$

由上所述，上一节中的优化问题转化为

$$(\hat{\boldsymbol{w}},\hat{\boldsymbol{\alpha}}) = \arg\min_{\boldsymbol{w}}\max_{\boldsymbol{\alpha}} L(\boldsymbol{w},\boldsymbol{\alpha}) \qquad (6-36)$$

对式(6-34)进行求解,可得

$$\hat{\boldsymbol{w}} = \sum_{i=1}^{N} \alpha_i y_i \boldsymbol{x}_i \qquad (6-37)$$

将所得的解代入式(6-23)中,化简可得

$$L(\hat{\boldsymbol{w}},\boldsymbol{\alpha}) = \boldsymbol{\alpha}^{\mathrm{T}}\boldsymbol{1} - \frac{1}{2}\boldsymbol{\alpha}^{\mathrm{T}}\boldsymbol{Y}\boldsymbol{G}\boldsymbol{Y}\boldsymbol{\alpha} \qquad (6-38)$$

式中:$Y=[y_1,y_2,\cdots,y_N]$;$G\in\mathbf{R}^{N\times N}$;$G_{ij}=\boldsymbol{x}_i^{\mathrm{T}}\boldsymbol{x}_j$。将式(6-38)代入式(6-36),可得

$$\hat{\boldsymbol{\alpha}} = \arg\min_{\boldsymbol{\alpha}}\boldsymbol{\alpha}^{\mathrm{T}}\boldsymbol{1} - \frac{1}{2}\boldsymbol{\alpha}^{\mathrm{T}}\boldsymbol{Y}\boldsymbol{G}\boldsymbol{Y}\boldsymbol{\alpha} \quad \mathrm{s.t.}\ \alpha_i \geq 0, \forall i=1,2,\cdots,N \qquad (6-39)$$

结合式(6-37)和式(6-39)即为求解问题式(6-36)的最优解。因此,可以得到分类器的表示形式:

$$f(\boldsymbol{x};\hat{\boldsymbol{w}}) = \mathrm{sign}(\hat{\boldsymbol{w}}^{\mathrm{T}}\boldsymbol{x}) = \mathrm{sign}(\sum_{i=1}^{N} \hat{\alpha}_i y_i \boldsymbol{x}_i^{\mathrm{T}}\boldsymbol{x}_i) \qquad (6-40)$$

对于全部采集的8类物品共160组滑动数据,将其分为训练集和测试集。每类物品选择18组数据作为训练集,2组作为测试集,经过预处理后的每组数据帧数不一定相同,也就是说,训练集不占全部数据的80%。将所有物体得训练数据进行统一训练,而不进行分别训练。

首先,针对不同连接帧数的分类结果进行测试。由于K-SVD训练字典时未完全收敛,对每项指标分别测试10次取平均值。测试结果如图6.19所示,可以看出,在帧数为10时,分类准确率最高,故在接下来的测试中将窗口内连接帧数设置为10。然后,对单帧特征输入、连接后的多帧特征输入以及时间维度金字塔池化后的多帧特征输入的情况,分别使用SVM分类器进行训练。时间金字塔的层数设为3层,分别将时间序列分割为1、2、4段进行池化操作。经过测试,得到如表6.1的实验结果。总体上,分类效果还有较大的提升空间。平均来看,10帧数据连接的特征向量分类效果好于单帧特征,而时间池化后的特征向量则差于单帧特征。这与滑动特征是时间序列上的特征有关,池化破坏了时间序列上的连续性。对于不同物体来说,单帧和多帧的分类效果差异也不尽相同,单帧的苹果分类效果明显优于多帧。此外,针对窗口匹配追踪特征提取方式,三棱柱罐子、红色薯片桶以及装水的瓶子的分类效果最为理想,香蕉的分类效果最差。这可能和前3种物体的表面积较大、物体质量大、滑动造成的距离变化较为明显

有关。香蕉的低分类准确率可能是由于表面积太小,在机械手进行抓取时,无法完全遮挡外部环境,导致红外测量不准确,原始数据经过较多预处理造成的。

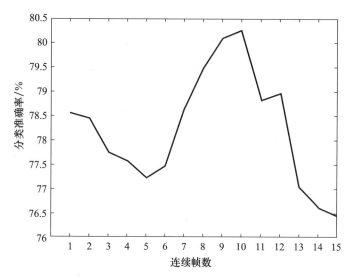

图 6.19　窗口内帧数对分类准确率的影响

表 6.1　分类测试结果(表中数据均为百分数)

测试物品	苹果	香蕉	黄色薯片桶	红色薯片桶	罐子	易拉罐	塑料瓶	纸盒	平均
单帧	82.1577	53.7037	73.2906	90.6504	86.3281	69.6581	86.7188	83.9142	78.5590
数据连接	75.2911	53.3333	78.4722	87.1429	95.4545	80.3030	86.8182	81.3056	80.2623
时间池化	83.9024	61.6667	73.1481	93.3333	95.9091	74.2424	82.7273	64.8852	77.6224

作为机械手稳定抓取的基本前提之一,滑觉检测对机器人研究的发展具有至关重要的意义。在本章的 6.1 节,对现有的滑觉检测方法进行系统而详细的总结,可以看到,大部分滑觉检测方法都是基于阈值的。为此,对其限制和不足进行分析,并在后面两节中对提出的改进方法进行详细的叙述。第二节中介绍了基于哈尔小波的滑觉检测方法,并对触觉传感器面覆盖和点覆盖两种情况下,设计不同的算法,取得较好的实验效果。6.3 节中引入了机器学习的方法,提出窗口匹配追踪这种新的特征提取方式,结合 SVM 分类器对当前时刻的滑动与否进行预测,实验显示,基于机器学习的滑觉检测方法值得进行更进一步的研究。

第7章 机器人视-触觉融合抓取操作

人类可以通过视觉迅速定位目标物并确定其适合的抓取区域,再调整位姿完成抓取操作。这项对于人类来说近乎本能的行为,对于机器人来说却是一个挑战,它对环境感知、规划控制等都有要求。目前,机器人在抓取操作前首先会完成抓取检测任务,在图像中确定目标物的抓取区域,主要包括特征提取和抓取识别两部分内容。在特征提取方面,需要从图像中抽象出具有代表性且与抓取操作相关的特征。本书将从人工构建特征与自动化构建特征两方面对与抓取操作相关的视觉特征提取工作进行详细描述。在抓取识别方面,需要训练出一个能够通过图像特征鉴别抓取区域优劣的分类器,对图像中的候选区域进行判断,辅助机器人在图像中定位到目标物的最适合抓取区域,完成机器人的抓取检测。

本章利用图像中的抓取矩形框表示抓取位姿,提出一个端到端的抓取检测深度网络模型,完成从目标物图像到抓取位姿的映射。设计抓取参考矩形框用来回归抓取矩形框,有效地提高抓取检测效率。在人工标注与机器人标注的两个公共数据集上都表现出了良好的抓取检测性能。我们搭建了一套全自动机器人抓取操作系统,完成对17个不同材质和形状物体的抓取操作。在进行抓取操作时,利用指尖的触觉数据对抓取稳定性进行判断,记录成功抓取时抓取的位置与姿态,并在图像中用抓取矩形框进行表示。采集得到的抓取数据集用于训练本章所提出的抓取检测深度网络,并应用于真实的实验操作平台,提高实际抓取的成功率。

7.1 问题描述

将灵巧手抓取目标物的位置与姿态映射到二维图像中,已知目标物的图像,从图像中寻找目标物适合被抓取的区域。本章采用二维图像中的矩形框来表示抓取目标物时的灵巧手位置与姿态。考虑使用平行两指夹持器对目标物进行抓取操作的情况,在图像中,利用一个矩形框表达夹持器的预抓取位置与姿态,如图7.1所示。其中,绿色的两条边表示相对的两个手指的预抓取位置,红色的边表示夹持器两手指之间的距离及闭合方向。二维矩形框可以通过(x,y,w,h,θ)

5个参数唯一确定,其中,(x,y)为矩形框左下角位置坐标,h和w分别为矩形框的高和宽,θ为矩形框的转角。严格来说,每一个抓取矩形框代表的是一簇相似的抓取位姿。在本章中,用抓取矩形框代表两手指分别在绿色边中点时的预抓取位置与姿态。

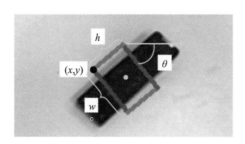

图7.1 抓取矩形框(见彩插)

该抓取矩形框可以用来完整地描述两指夹持器在预抓取时的抓取姿态。通过二维图像与其对应点云数据可得到矩形框中点(图7.1中矩形中心黄色圆点)的位置坐标,该位置可对应夹持器中心点的位置信息;考虑夹持器以垂直目标物所在平面的方向接近目标物,则夹持器预抓取时的姿态可通过二维图像中的矩形框完全确定。

7.2 抓取检测深度网络

采用7.1节中介绍的用矩形框表示抓取位置与姿态的方法,可以将机器人抓取检测问题类比为计算机视觉领域中的目标检测问题进行讨论。在图像中搜索候选抓取矩形框,并对其可抓性进行判断,定位得到最适合抓取矩形框。本节提出一个端到端的抓取检测深度网络模型,完成从图像到机器人灵巧手抓取位姿的映射。为提升检测效率,该模型设计抓取参考矩形框用回归抓取矩形框,可实时输出抓取矩形框以及输入像各个位置的可抓性评分图。

7.2.1 抓取参考矩形框

从图像中检测出适合被抓取的矩形框,最常用的策略是采用滑动窗对图像中的每个位置进行密集扫描并依次判断其可抓性。但是这种方法所要消耗的计算时间较长,很难满足机器人抓取实时性的要求。在通用图像检测任务中,为了提高检测效率,引入区域建议的策略(Kong T,et al 2016)。该方法仅在图像中搜索有限数量的建议区域,以减少对目标物检测的时间。受到 Faster R - CNN (Ren S,et al,2015)目标检测框架将区域建议网络与目标物检测网络相结合思想的启发,针对机器人抓取检测任务,提出抓取参考矩形框用来表示图像中适合抓取的候选区域,作为回归抓取矩形框的初始位置。

已知原始图像经过卷积操作可得到卷积特征图谱,则对于卷积特征图谱中的每一个位置采样点,都可对应原图中的一块区域。考虑不同尺度和宽高比特征图谱中的每一位置可对应多个不同的候选区域。图 7.2 所示为单尺度多宽高比情况下参考矩形框示意图,P 点为卷积特征图谱中的一个位置采样点,以该点为中心,固定矩形框面积,分别以 2∶1、1∶1 和 1∶2 为宽高比得到该位置处的 3 个参考矩形框。之后,以每个参考矩形框为初始抓取矩形框位置,回归得到其对应的抓取矩形框并输出其可抓性评分。针对不同的情况,参考矩形框的尺度和宽高比可随之调整,得到最适合的候选区域。

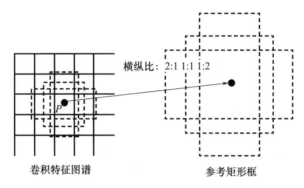

图 7.2 抓取参考矩形框示意图(由虚线表示。图为在卷积特征图谱位置 P 处,单尺度,宽高比分别为 2∶1、1∶1 和 1∶2 的抓取参考矩形框)

对卷积特征图谱中的每一个位置进行采样,找到其对应的原图中的抓取参考矩形框,用来回归抓取矩形框。该方法代替在原图上进行密集的滑动窗扫描的策略,不需要对每一个候选框的特征进行重复提取,提升抓取检测的效率,减少检测消耗时间。同时,采用图像的局部特征,也可以更好地描述与抓取操作相关的视觉特征。

7.2.2 不考虑旋转的抓取检测深度网络结构

本节所提出的不考虑旋转的抓取检测深度网络的结构如图 7.3 所示,包括特征提取、中间过渡层以及抓取检测层三部分。在特征提取部分,给定输入图像,可经过一系列卷积操作得到特征图谱。采用 ZF(Zeiler&Fergus)模型作为预训练模型。该模型在计算机视觉领域中的目标识别任务上性能表现优异,因而,可以从图像中提取出鲁棒有效的图像特征,并可以推广到更多与视觉相关的任务。

第7章 机器人视-触觉融合抓取操作

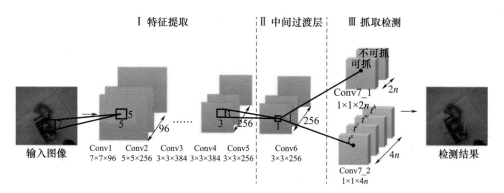

图 7.3　不考虑旋转的抓取检测深度网络结构示意图
（由特征提取、中间过渡层以及抓取检测三部分构成）

将目标物的图像作为输入，经过 5 次卷积操作得到特征图谱。再采用一个 3×3 的滑动窗与该特征图谱全连接，则滑动窗经过的每一个位置都可以映射到一个 256 维的特征向量。由于对于每一个采样点都是共享全连接，因此，在效果上相当于用一个 3×3 的卷积核对由第 5 个卷积层得到的特征图谱进行卷积操作，得到中间过渡层。中间过渡层将整个网络的特征提取部分和抓取检测部分连接起来，后接两个并列的输出层，分别表示相应抓取参考矩形框的可抓性分类以及预测抓取矩形框的几何参数。由 7.2.1 节中抓取参考矩形框的描述可知，滑窗经过特征图谱的每一个采样点都对应原图中的按一定尺度、宽高比设定的抓取参考矩形框。设每个采样点都有 n 个参考抓取矩形框，可抓性分类分为"可抓"和"不可抓"两类，则对于每个采样点，可抓性分类输出的维度为 $2n$；采用 $\{t^x,t^y,t^w,t^h\}$ 表示由每个参考矩形框回归得到的预测抓取矩形框相对于参考矩形框的几何坐标偏移量，通过偏移量和抓取参考矩形框即可确定抓取矩形框的位置。同样地，对于每个采样点，对应 n 个参考抓取矩形框，则输出的预测抓取矩形框的偏移量参数维度为 $4n$。因此，这两个输出层在效果上相当于采用两个 1×1 的卷积核对中间层进行卷积操作。特别地，所得到的抓取矩形框正向放置，垂直的两条边为夹持器两手指的位置，并未考虑其旋转角。综上所述，得到不考虑旋转的抓取检测深度网络模型，如图 7.3 所示。

本节所提出的抓取检测深度网络利用抓取参考矩形框作为候选检测区域，在输出层同时输出每个参考矩形框的可抓性分类评分以及相应预测抓取矩形框几何参数。由此，定义该网络输出层的损失函数：

$$L(g,t) = L_{\text{grp}}(g,\hat{g}) + \hat{\lambda} g L_{\text{reg}}(t,\hat{t}) \tag{7-1}$$

式中：g 为参考矩形框的可抓性分类评分；t 为回归得到的预测抓取矩形框相对

于参考矩形框的几何偏移量参数。参数 $\hat{g}$ 为抓取参考矩形框可抓性的真实标签。定义当参考矩形框与实际抓取矩形框标签的重叠部分与总面积的比值大于一定阈值时(本章采用阈值为 0.5),$\hat{g}$ 的值为 1,表示"可抓",否则其值为 0,表示"不可抓"。$\hat{t}$ 是实际抓取矩形框相对于抓取参考矩形框的几何偏移量参数。该损失函数共分为两部分,分别对应网络的两个并列输出层。第一部分对抓取参考矩形框是否适合抓取进行判断,将该问题看作一个二分类问题,设置两个标签分别为"可抓"和"不可抓",采用 Softmax 分类器对每个抓取参考矩形框进行可抓性分类判断;第二部分为对回归得到的预测抓取矩形框相对于抓取参考矩形框的几何偏移量参数的回归损失函数,采用 $\text{smooth}L_1$ 损失函数回归得到预测抓取矩形框的几何偏移量参数 t,即

$$L_{\text{reg}}(t,\hat{t}) = \sum_{i \in |x,y,w,h|} \text{smooth}_{L_1}(t^i - \hat{t}^i) \quad (7-2)$$

式中:smooth_{L_1} 函数定义如下式所示,更易于目标函数的收敛,即

$$\text{smooth}_{L_1} = \begin{cases} 0.5x^2, & |x| < 1 \\ |x| - 0.5, & \text{其他} \end{cases} \quad (7-3)$$

如图 7.4 所示,展示抓取参考矩形框到预测抓取矩形框的几何变换过程。(x,y) 代表矩形的中心点坐标,(w,h) 代表矩形的宽度和高度。已知矩形中心点坐标和矩形的宽度与高度,即可确定矩形的几何形状位置。在本章中用 (x,y,w,h)、(x^r,y^r,w^r,h^r) 和 $(\hat{x},\hat{y},\hat{w},\hat{r})$ 分别表示预测抓取矩形框,抓取参考矩形框和实际抓取矩形框的中心点坐标以及宽度与高度,则对于预测抓取矩形框、实际抓取矩形框相对于抓取参考矩形框的几何偏移量参数分别满足如下条件:

$$t^x = (x-x^r)/w^r, t^y = (y-y^r)/h^r, t^w = \log(w/w^r), t^h = \log(h/h^r)$$
$$\hat{t}^x = (\hat{x}-x^r)/w^r, \hat{t}^y = (\hat{y}-y^r)/h^r, \hat{t}^w = \log(\hat{w}/w^r), \hat{t}^h = \log(\hat{h}/h^r)$$

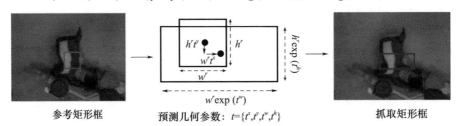

图 7.4 不考虑旋转的抓取参考矩形框到预测抓取矩形框的几何变换示意图

7.2.3 考虑旋转的抓取检测深度网络结构

7.2.2 节提出采用深度视觉网络从图像中检测出目标物的抓取矩形框。网络的输出为抓取参考矩形框的可抓性分类评分以及对应的预测抓取矩形框几何

参数。在回归预测抓取矩形框时,仅考虑矩形框正向放置的情况,通过中心点位置(x,y)和宽度、高度(w,h)4个几何参数决定矩形框形状,而没有考虑矩形框的旋转参数。即假设夹持器在抓取图像中物体时,矩形框垂直两边为夹持器两手指位置,并且沿水平方向进行开合操作,夹持器旋转角为0,不考虑夹持器以其他旋转角度抓取物体的情况。然而,对于一个目标物,能够成功抓取它的位置和姿态可能有很多种,限制夹持器的转角会导致得到的抓取矩形框不一定是最优抓取位置和姿态,也可能导致一部分能够成功抓取目标物的位置和姿态被遗漏。因此,本节考虑夹持器在抓取目标物时存在旋转角的情况,对图7.3所示的深度网络进行改进,得到考虑旋转的抓取检测深度网络,其结构如图7.5所示。

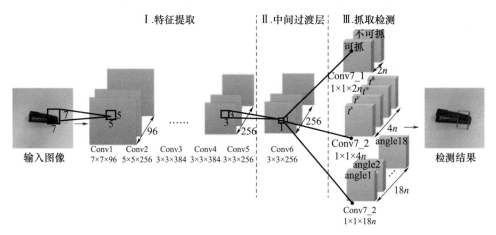

图7.5 考虑旋转的抓取检测深度网络示意图
(由特征提取、中间过渡层以及抓取检测三部分构成)

该网络与图7.3网络的总体结构一致,包括特征提取、中间过渡层和抓取检测三部分。特征提取和中间过渡层两部分与图7.3所示结构完全一样。在抓取检测部分增加预测抓取矩形框的旋转角输出层,用带有旋转角度的矩形抓取框表示抓取位置和姿态,由于机器人的抓取操作具有一定的鲁棒性,因此,将旋转角在$[-90°,90°)$的角度范围内,分成$\{-90°,-80°,\cdots,80°\}$共18个类别。如图7.6所示,浅色边为夹持器两指所在位置,深色边为加持器的闭合方向。这样,可以将求解抓取矩形框的旋转角问题近似为旋转角的分类问题,采用Softmax分类器进行求解。对于每个抓取参考矩形框,定义新的损失函数:

$$L(g,a,t) = L_{grp}(g,\hat{g}) + \lambda_1 \hat{g} L_{ang}(a,\hat{a}) + \lambda_2 \hat{g} L_{reg}(t,\hat{t}) \quad (7-4)$$

式中:a为预测抓取矩形框的旋转角类别;$\hat{a}$为实际抓取矩形框的转角所属类别。

与式(7-1)相比,增加了对旋转角的分类损失函数。

图7.6 抓取矩形框旋转角度类别示意图

图7.7展示考虑夹持器旋转角的参考抓取矩形框到预测抓取矩形框的转换过程,其中虚线框为不考虑旋转角度直接从参考抓取矩形框回归得到的抓取矩形框,θ为夹持器的旋转角,将不考虑灵巧手转角的抓取矩形框绕中心旋转θ,得到预测抓取矩形框。

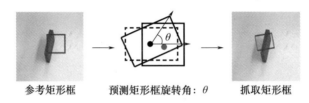

图7.7 考虑旋转角的抓取参考矩形框到抓取矩形框的几何变换示意图

在对网络进行训练时,采用经过预训练的 ZF(Zeiler&Fergus)模型参数初始化图7.3和图7.6所示深度视觉网络结构前5层共享卷积网络的模型参数,其他参数按照零均值高斯分布进行初始化。采用随机梯度下降法进行训练,整个训练过程通过 Caffe 深度学习框架完成。

7.3 机器人抓取数据集

利用机器学习的方法学习目标物抓取位置和姿态的任务中,训练数据的获取是至关重要的一个环节。在研究起始阶段,为了快速验证算法的有效性,训练数据的获取通常采用合成仿真的方法。在绘图和渲染软件中快速制作大量的图像数据,并人工标注图像中适合被抓取的点或者区域,再在机器人仿真环境下进行算法的验证(Saxena A,et al,2008)。合成仿真训练数据的方法为算法的验证提供高效便捷的途径,然而,机器人所处的真实操作环境远比理想的仿真环境复杂。合成仿真的数据与真实数据仍具有较大的差距,这使得在仿真环境下训练的模型很难直接迁移到真实环境中。为了使得机器人在真实环境中智能地完成抓取操作,需要赋予机器人在真实操作环境中更强的感知学习能力。因此,有必要采集建立机器人的真实抓取数据集。在本节中,首先介绍CMU抓取数据集和

Cornell 抓取数据集,再详细描述一套由自主采集的 THU 抓取数据集。

7.3.1 Cornell 抓取数据集

这是一个广泛使用的由人工标注的抓取数据集,包含 240 个常见物体从不同角度拍摄得到的 885 张图片。如图 7.8 上半部分所示,展示该数据集中的部分目标物的图像数据。每一个都被任意地放在桌面上,由固定位置的摄像头对目标物进行图像数据采集。之后,采用抓取矩形框来表示平行两指加持器对目标物的预抓取位置和姿态。对于每个物体,人工标注出若干适合抓取的抓取矩形框,适应多种不同的抓取方式,如图 7.8 下排抓取矩形框示意图所示。其中矩形浅色的边代表夹持器两手指的位置,深色边代表手指的闭合方向。

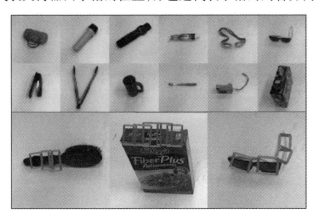

图 7.8　Cornell 抓取数据集

7.3.2 CMU 抓取数据集

与 Cornell 人工标注的抓取数据集不同,CMU 抓取数据集是一个完全由机器人通过进行实际抓取操作标定得到的数据集。对于人工标注的数据集,会存在诸多问题,如人类不可能标注出所有可能的抓取位置和姿态,标注结果过多依赖个人认知,此外,人类认为合适的抓取位置和姿态可能并不适合机器人。所以,通过机器人实际操作标定的数据集是一个更合理的选择。该数据集是由 Baxter 机器人经过 700h 的抓取操作采集得到的。如图 7.9 左侧所示,不同的常见物体被任意地放置在操作面上,机器人采用两指夹持器抓取桌面上的物体,在抓取中,当手指上的力矩传感器读数大于某个既定阈值时,则判断物体被抓住。摄像机固定在夹持器旁侧进行图像采集,仍然采用抓取矩形框表示夹持器的抓取位姿,如图 7.9 右图所示。由于摄像机相对于夹持器的位置不变,因此标定得到的抓取矩形框的转角一样,在该数据集中,转角均为 0°,矩形框未有任何旋转。同样地,矩形浅色的边代表夹持器两手指的位置,深色边代表手指的闭合方向。

图 7.9 CMU 抓取数据集

7.3.3 THU 抓取数据集

由于机器人的抓取操作很大程度上依赖机器人平台,因此,在公共数据集上很难进行实际操作验证。为此,利用现有实验平台,采用一套全新的机器人抓取数据集——THU 抓取数据集。该数据集全部由机器人自主采集并标注。

1) 数据采集平台

THU 抓取数据集的数据采集平台包括 UR5 机械臂、Barrett 灵巧手、Kinect2 摄像机以及操作台,如图 7.10 所示。UR5 机械臂包含 6 个可自由旋转的关节,工作空间可近似为以基座为圆心、直径 1.7m 的球面内部。可编程 Barrett 三指灵巧手安装在机械臂末端,可随机械臂的运动到达指定位置。Kinect2 摄像机可以用来实时采集彩色图像和深度图像,以俯视的位置和姿态放置,视野包括整个操作空间。在机械臂前方放置一个塑料储物箱作为抓取物体的操作台。将该箱子的盖移开,用布蒙住储物箱的开口处,拉平后并用夹子将布固定在箱子的边缘处。采用这种设计是因为当抓取物体掉落时,布面可以起到缓冲的作用,并且当不慎抓取规划失败时,布面可以保护灵巧手的手指,防止手指与操作面的硬碰撞。该机器人操作平台的编程与控制均在机器人操作系统(ROS)中进行。

图 7.10 数据采集平台

2)数据采集过程

抓取数据采集过程(图7.11)包括抓取检测、抓取操作和抓取稳定性判断三部分。在每次抓取操作时,视觉、触觉以及灵巧手抓取位姿信息均被记录。

图 7.11 机器人抓取数据采集及稳定性判断过程

目标物置于操作台布面上的 Kinect2 摄像机视野内,可得到场景的深度图像信息,利用该深度信息可将目标物从背景中分割出来,得到目标物的点云数据,从而得到目标物的位置坐标。之后,灵巧手随机械臂运动以垂直操作台的方向移动到目标物几何中心点的上方。与此同时,机械臂末端关节带动灵巧手进行旋转操作,为模仿随机抓取,旋转角为从$\{-90°,-80°,\cdots,80°\}$这18类角度中选取的任意一个。记录下此时目标物几何中心点在图像中的位置坐标以及灵巧手的旋转角。之后,灵巧手相对的手指闭合对目标物进行抓取操作,并对抓取稳定性进行评估。

由于当灵巧手抓取目标物时,手指与目标物之间有直接接触,因此常使用灵巧手指尖处的触觉信息对抓取稳定性进行判定。当灵巧手指尖上的触觉传感器读数超过一个阈值时,则认为该抓取是稳定的,抓取操作成功。但是,对于一些表面非常柔软的物品,如毛绒玩具,即使灵巧手已经成功地抓住该物体,触觉读数值依然非常小,并不能成功地对其抓取稳定性进行判定。所以仅以触觉数据来判别抓取是否成功会存在一些失败的例子。当灵巧手抓取物体时,灵巧手各个手指的应变力值也会随之发生变化,并且反应较灵敏,所以本章在对抓取稳定性进行评估的过程中,同时考虑各个手指指尖的触觉信息以及三个手指的应变力值,使机器人对抓取操作进行自主标注。为此,将触觉读数与应变力读数映射到一个非线性函数上,得到抓取稳定评估值 q,通过 q 值对抓取稳定性进行判定。q 值定义如下:

$$q(t,s) = \lambda_t \sum_{i=1}^{n} \ln(t_i + 1) + \lambda_s \sum_{i=1}^{n} \ln(s_i + 1) \qquad (7-5)$$

式中:n 是灵巧手手指的个数;t_i 和 s_i 分别是第 i 个手指触觉和应变力的读数;λ_t 和 λ_s 分别是触觉数据和应变力的比例参数,用来定义触觉和应变力在评估抓取稳定性中所占的权重,需满足

$$\lambda_t = \frac{1}{k_t \ln(t^* + 1)}, \lambda_s = \frac{1}{k_s \ln(s^* + 1)}, n\left(\frac{1}{k_t} + \frac{1}{k_s}\right) = 1 \qquad (7-6)$$

式中:t^* 和 s^* 为触觉和应变力值的经验参考值;k_t 和 k_s 分别为这两个模态的权重系数,$k_t = 5, k_s = 7.5$。选取权重系数的原则是:关节力矩传感器比触觉传感器相对灵敏一些,因此关节力矩占的比例要比触觉大。极端情况是:当关节力矩都达到经验参考值,触觉完全没有任何反应时,是最难判断的边界情况,得到的评估概率值应为及格点 0.6。当关节力矩与触觉都达到参考值时,确定抓住了物体,此时的抓取稳定评估值为 1。采用凸函数对数函数作为映射函数是因为它可以很好地刻画出灵巧手对物体进行抓取时,抓取性能的特点。

当灵巧手刚与物体接触时,灵巧手的传感数据从无到有,而抓取过程中,传感器的数据逐渐增大。传感器数据从无到有发生质变时,对抓取稳定性评估的影响更大,因此,采用对数函数可以增强抓取发生时传感数据对抓取稳定性的影响,以及平滑抓取过程中传感数据对抓取稳定性的影响。

整个机器人抓取数据采集及稳定性判定过程如图 7.11 所示,灵巧手首先以任意旋转角垂直到达目标物上方,之后相对的手指闭合进行抓取。抓取稳定性评估的过程中,灵巧手以 20Hz 的频率对触觉、应变力读数进行记录,并时刻检测抓取稳定评估值 q。当 q 值大于设定的阈值时(本采集过程中为 0.6),灵巧手手指停止运动,认为已经抓到目标物。随后检验该抓取位置和姿态灵巧手的抓取稳定性,机械臂带动灵巧手向上提起并左右摆动,之后再对抓取稳定评估值 q 进行检验,以检测物体是否被稳定抓取。若 q 值仍然大于阈值,则认为该抓取稳定;否则,说明摆动过程中目标物掉落,抓取不稳定,如图 7.12 所示。最终,灵巧手打开,目标物重新落到布面上。整个过程在没有人工参与的情况下反复进行,视觉信息、触觉信息(包括应变力)以及灵巧手抓取位形都进行记录。

图 7.12　在机械臂摆动过程中,目标物掉落,判定抓取不稳定

对于不同形状材质类别的物体,机器人在进行实际抓取操作时鲁棒性会有所不同。例如,对于塑料空水瓶等质量较轻的物体,机器人在抓取过程中很容易通过指尖与物体的接触改变目标物的位置和姿态。为此,选取 17 个不同材质类别的物体(图 7.13)分别进行抓取操作,每个物体被抓取 100 次。

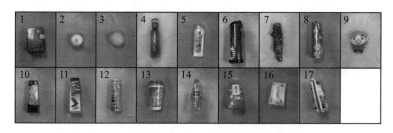

图 7.13 THU 抓取数据采集中所使用的目标物

3) THU 抓取数据集标注结果

该系统在进行抓取时,灵巧手以垂直于操作台的方向到达目标物上方中心点并任意旋转一定角度。设目标物中心点在图像中的位置坐标为 (x,y),灵巧手的旋转角度为 θ。如图 7.14 左图所示,通过机械臂坐标系和 Kinect2 摄像机坐标系的转换关系以及灵巧手的构型,可得灵巧手到达预抓取位置和姿态时的抓取矩形框。其中,浅色边表示 Barrett 灵巧手位置相对的手指位置,深色边表示灵巧手相对手指的闭合方向。图 7.14 列举通过机器人自主抓取标注的抓取矩形框。

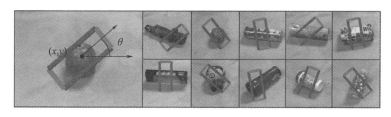

图 7.14 THU 抓取数据集标定结果

对于给定目标物,系统进行自动抓取并进行自主标注。所有标注数据均来自实际操作,由机器人自主标注得到。图 7.15 分别列出由机器人标注和由人工标注出的抓取矩形框。在由人工标注的抓取矩形框成功样例中,抓取框的位置和姿态大体上保持一致,灵巧手闭合方向(深色边)与目标物的边缘基本垂直;在失败样例中抓取矩形框具有一定的旋转角,闭合方向(深色边)可能与目标物边缘不完全垂直。由机器人标注的抓取矩形框成功样例可以发现,一些依靠人类认知认为不能成功的抓取位置和姿态在机器人实际操作中仍能实现目标物的成功抓取。因为机器人进行实际抓取操作时,在灵巧手每个手指都停止运动之前,可能会有手指接触到目标物的情况,当目标物重量比较轻时,接触力就会改变目标物的位置和姿态,最终使得抓取操作仍然能够成功。由此可见,实际的机器人抓取操作具有很强的鲁棒性且与实际目标物、灵巧手的性质均有关系,因此采用机器人对抓取数据进行标注将更适合应用在真实的实验平台中。

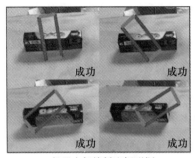
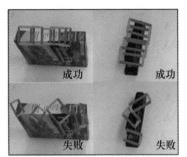

图 7.15　抓取数据集标注结果

7.4　抓取操作实验的验证

下面在 CMU 抓取数据集、Cornell 抓取数据集以及 THU 数据集上分别对本章所提出的两种抓取检测深度视觉网络进行实验验证。如 7.3 节所介绍,在这 3 个抓取数据集中,灵巧手的预抓取位置和姿态都是通过图像中标注的抓取矩形框来表示的。将图片作为网络输入,标签抓取矩形框作为标签,经过训练,所提出的深度视觉网络能够从图像中成功地检测出适合抓取目标物的抓取矩形框,并且在实际机器人抓取操作平台上进行应用,提升抓取的成功率。

定义检测到的抓取矩形框与抓取矩形框标签的交并比(IoU)值,用来衡量本章所提出的抓取检测深度网络的性能。令 G 为检测到的抓取矩形框面积,$\hat{G}$ 为实际抓取矩形框标签面积,则

$$\text{IoU} = \frac{G \cap \hat{G}}{G \cup \hat{G}} \tag{7-7}$$

式中:$G \cap \hat{G}$ 为检测到的抓取矩形框与实际抓取矩形框标签取交集的结果,也就是这两个矩形重叠部分的面;$G \cup \hat{G}$ 为检测到的抓取矩形框与实际抓取矩形框标签取并集得到的面积。通常情况下,检测到的抓取矩形框交并比的值越大说明抓取检测的效果越好。

7.4.1 不考虑旋转的抓取检测深度网络（CMU 抓取数据集）

在 CMU 抓取数据集中，对于每个目标物，标注的抓取矩形框的旋转角度均为 0°（正方向），如图 7.9 所示，可用来评估不考虑旋转角度的抓取检测深度网络的性能。

挑选出数据集中抓取成功样本作为正样本。为了扩大数据，对图像及其对应矩形抓取框进行镜像和翻转，但仍然保证抓取矩形框的转角为 0°，最终得到 1.2 万个样本。由于在数据采集中，机器人是随机抓取物体的，每次的抓取位置和姿态都是不可重复的，因此，对于每一张样本图片，都有唯一的机器人成功抓取的位置和姿态与之对应。将扩大后的数据集按 4∶1 的比例分别划分为训练集与测试集。

1. 抓取检测结果

将图片作为所提出的网络模型的输入，可以得到每个抓取参考矩形框的可抓性分类得分以及其对应的预测抓取矩形框，抓取检测的结果如图 7.16 所示。图中第一行为模型的图像输入，可以看出，在这些图像中，有的图片中包含单个目标物，也有部分图片中包含多个目标物。第二行及第三行为模型的输出。其中，第二行是各个位置抓取参考矩形框可抓性分类评分的可视化图，颜色越亮（红）则表示该位置可抓性评分越高，越适合被抓取；颜色越暗（蓝）则表示该位置可抓性评分越低，越不适合被抓取。由图可知，该网络可以从图像中找到适合抓取目标物的位置。在一些例子中，该网络学习到了目标物把手的位置。

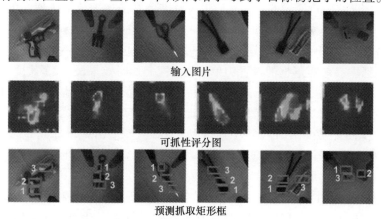

图 7.16　不考虑旋转的抓取检测模型在 CMU 抓取数据集上的抓取检测结果（第一行为模型的输入图像，第二行和第三行为模型的输出结果，分别为参考矩形框的可抓性评分图和预测的抓取矩形框。其中抓取矩形框按照 1、2、3 的顺序可抓性得分依次降低）（见彩插）

例如,在玩具手枪和剪刀的手柄处,可抓性评分显著高于其他位置。第三排图像中显示的是得分前三的参考矩形框所对应的预测抓取矩形框,分数按从高到低依次用序号1、2、3表示。可以看出,预测出的抓取矩形框可以很好地反映出适合抓取目标物的灵巧手位置和姿态,对于输入图像中包含多个目标物的情况,该网络能够预测出每个目标物的抓取矩形框。这意味着,该网络对目标物个数不敏感,在未来可以用于复杂环境下的目标物抓取检测。该网络在测试中,采用GPU计算,检测速率可以达到80帧/s,可满足实时机器人抓取的需求。

2. 抓取检测准确性分析

采用检测得到的抓取矩形框与实际抓取矩形框标签的交并比值来衡量抓取检测的结果。在本实验中,认为当IoU的值大于阈值0.25时,抓取检测成功。对图像计算HOG特征并配合使用SVM分类器,利用滑窗策略检测图像中抓取矩形框的方法作为基准方法,比较所提出模型在不同抓取参考矩形框设置下的抓取检测准确率,并且对阈值取不同值时抓取检测的成功率进行分析比较。

实验考虑4种实验设置,对于所提出的不考虑旋转的抓取检测深度网络模型,考虑抓取参考矩形框为单尺度单宽高比、单尺度多宽高比以及多尺度多宽高比3种情况,并将图像取HOG特征用SVM做分类器的方法作为基准方法。对于每一张测试图像,可检测得到抓取矩形框及其相应可抓性评分,并且取评分前N的抓取矩形框,得到在不同实验设置下前N个抓取矩形框的抓取检测准确率曲线,如图7.17(a)所示。具体实验设置及准确率值如表7.1所列。可以看出,随着N值的逐渐增加,检测准确率逐渐提高。本章所提出的模型在不同抓取参考矩形框的设置下准确率均明显优于基准算法,但各自准确率略有不同。总体来说,当抓取参考矩形框的设置为单尺度多宽高比时效果最佳,多尺度多宽高比时效果最差。这是因为在本章所提出的抓取检测问题中,抓取矩形框的尺度大小相差不大,引入多尺度参考矩形框反而容易给模型引入干扰,使回归抓取矩形框的难度增加。从图7.17(a)中还可以看出,当N值由1增加到2时,抓取检测准确率会有一个比较明显的性能提升,而当$N>2$时,准确的增长相对平缓。这是因为在所使用的CMU抓取数据集中,每一张图片只标注一个抓取矩形框,但是输入图片却存在多目标物的情况,模型所检测出来的得分最高的抓取矩形框很可能并不是标注矩形框所抓取的目标物。因此,当N值增加到2时,抓取检测准确率会有一个明显的性能提升。还有另一个原因是抓取同一个目标物可能存在多种抓取方式,这样仅采用单标注矩形框会对抓取检测准确率造成影响。

表 7.1　不同实验设置下的抓取检测准确率实验结果（CMU 抓取数据集）

#	设置		前 N 准确率	IoU 准确率
	尺度	宽高比	1　2　3　4　5	0.20　0.25　0.30　0.35
a	54^2	1:1	0.634　0.714　0.740　0.751　0.759	0.820　0.740　0.672　0.603
b	54^2	1:2,1:1,2:1	0.648　0.724　0.741　0.752　0.752	0.822　0.741　0.661　0.598
c	$27^2,54^2,108^2$	1:2,1:1,2:1	0.621　0.700　0.727　0.735　0.747	0.803　0.727　0.661　0.580
d	HOG + SVM		0.143　0.169　0.188　0.207　0.219	0.306　0.188　0.150　0.121

为了比较当 IoU 阈值取不同值时，抓取检测准确率的变化情况，改变 IoU 阈值，得到不同阈值下抓取准确率曲线，如图 7.17(b) 所示。改变 IoU 的阈值，保留前 3 个评分最高抓取矩形框。可以看出，随着阈值的不断增加，抓取检测的准确率逐渐下降。本章所提出模型明显优于基准方法，抓取参考矩形框在单尺度情况下的性能稍微优于多尺度的情况。对于机器人抓取操作任务，由于数据集在标定中不可避免地会遇到标定误差，并且机器人在抓取时具有一定的鲁棒性，实际中常常将 0.25 作为阈值对抓取检测准确性进行评估。

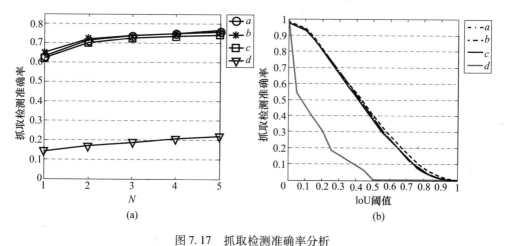

图 7.17　抓取检测准确率分析

(a) 前 N 个抓取矩形框检测准确率曲线；(b) 不同阈值下抓取检测准确率曲线。

通过实验可以得出，参考矩形框的设置会对抓取检测产生一定的影响，单尺度参考矩形框的设置在 CMU 抓取数据集中的表现具有微弱优势。总体来说，本章提出的不考虑旋转的深度网络模型性能远优于采用 HOG 特征和 SVM 分类器的基准算法。

7.4.2 考虑旋转的抓取检测深度网络（Cornell 抓取数据集）

在 Cornell 抓取数据集中，对于每一个目标物，依据目标物不同形状和摆放位置与姿态，都由人工标注若干适合抓取目标物的抓取矩形框。这些抓取矩形框的旋转角各不相同，可用来评估考虑旋转的抓取检测深度网络的性能。

与 CMU 抓取数据集的处理方式类似，首先对数据集中的图像及对应矩形框进行镜像和翻转，扩大数据集。对于每个标注的抓取矩形框都计算出其转角度数，并按角度值近似取整归入$\{-90°,-80°,\cdots,80°\}$这 18 个类别中的一个类别。但是与 CMU 数据不同的是，由于在数据的人工标注中，每个物体都对应若干抓取矩形框，因此，每幅图都对应多个抓取矩形框。最后，将扩大后的数据集按照目标物的实例和类别两种划分方式，分别以 4∶1 的比例划分为训练集与测试集，进行实验测试与验证。

1. 抓取检测结果

将图片作为所提出考虑旋转抓取检测深度网络模型（图 7.6）的输入，可以得到每个参考矩形框的可抓性分类得分以及其对应的考虑旋转角度的抓取矩形框，抓取检测的结果如图 7.18 所示。图中第一行为模型的图像输入，每张图像只包含一个目标物，但可能包括采用不同位姿摆放的相同目标物。第二行是各个位置参考矩形框可抓性分类评分的可视化图，颜色越亮（红）则表示该位置可抓性评分越高，越适合抓取；颜色越暗（蓝）则表示该位置可抓性评分越低，越不适合抓取。由图可知，该网络可以从图像中找到适合抓取目标物的位置。对于

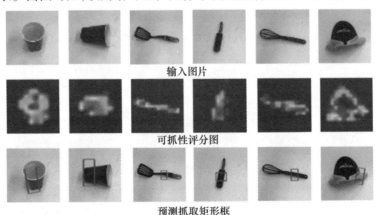

输入图片

可抓性评分图

预测抓取矩形框

图 7.18　考虑旋转的抓取检测模型在 Cornell 抓取数据集上的抓取检测结果
（其中，第一行为模型的输入图像，第二行和第三行为模型的输出结果，
分别为参考矩形框的可抓性评分图和预测的抓取矩形框）（见彩插）

采用不同方式摆放的相同物体,可以根据目标物的位姿找到合适的抓取区域。对于一些具有明显把手的目标物,该网络也可以在把手附近输出较高的可抓性得分。第三排图像中显示的是得分最高预测抓取矩形框。可以看出,预测出的抓取矩形框可以很好地反映出适合抓取目标物的位置和姿态,并较为正确地得到抓取矩形框的旋转角度。

2. 抓取检测准确性分析

讨论本章所提模型(图7.5)在不同抓取参考矩形框的设置下的抓取检测准确率,并在 Cornell 数据集上将本章所提出模型的结果与其他各种方法进行比较。对于 Cornell 抓取数据集,每张图片包含一个目标物,每个目标物按照不同的摆放位置和姿态,具有多张图像,因此,可将该数据集按照实例和类别两种方式进行划分,进行测试。

对于每张测试图片,包含多个抓取矩形框标签,将评分最高的抓取矩形框分别与各个标签求 IoU 值,以最大的 IoU 值作为该张测试图片的 IoU 值。当且仅当预测的抓取矩形框与实际抓取矩形框标签的旋转角度相差小于30°时,才认为抓取检测成功。实验对抓取参考矩形框分别为单尺度单宽高比、单尺度多宽高比以及多尺度多宽高比3种情况进行了比较,在不同 IoU 阈值下的抓取检测准确率曲线如图7.19所示。

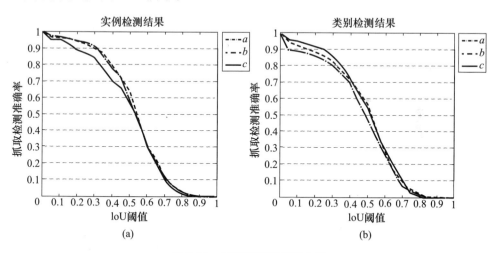

图 7.19 抓取检测准确率分析

(a)不同阈值下抓取检测准确率曲线;(b)不同阈值下抓取检测准确率曲线。

具体实验设置及准确率值如表7.2所列。可以看出,在按实例进行划分的情况下,单尺度单宽高比的抓取参考矩形框设置取得最优的性能;在按类别进行划分的情况下,多尺度多宽高比的抓取参考矩形框设置取得最优性能。可见,针对不同的条件应该采用不同的抓取参考矩形框设置,当一个已知物体出现时,单尺度单宽高比参考矩形框可以很好地学习得到合适的抓取位置和姿态;对于一个未知物体,则需要采用多尺度多宽高比的参考矩形框对图像进行更全面的扫描检测得到最优的抓取矩形框。表7.3列举现有方法和本章提出的模型在Cornell数据集上的检测准确率结果,在按实例划分和按类别划分两种情况下,所提模型均取得最优效果,证明所提模型的有效性。

表7.2 不同实验设置下的抓取检测准确率实验结果(Cornell 抓取数据集)

#	设置		基于实例	基于类别
	尺度	宽高比	0.20 0.25 0.30 0.35	0.20 0.25 0.30 0.35
a	54^2	1:1	0.938 **0.932** 0.910 0.853	0.851 0.828 0.793 0.741
b	54^2	1:2,1:1,2:1	0.932 0.921 0.893 0.859	0.879 0.851 0.822 0.759
c	$27^2,54^2,108^2$	1:2,1:1,2:1	0.881 0.864 0.836 0.768	0.908 **0.891** 0.851 0.805

表7.3 采用不同方法的抓取检测准确率

方法	检测准确率/%	
	基于实例	基于类别
Jiang 等(Jiang Y,et al,2011)	60.5	58.3
Lenz 等(Len I,et al,2015)	73.9	75.6
Redmon 等(Redmon J,et al,2015)	88.0	87.1
本章方法	**93.2**	**89.1**

7.4.3 考虑旋转的抓取检测深度网络(THU抓取数据集)

为了验证所提出抓取检测深度网络在真实机器人实验平台上的性能,本节采用THU抓取数据集验证所提出的模型并在真实实验平台上进行操作验证,对实际抓取成功率进行比较。

1. 抓取检测结果

利用本章中所提出的考虑旋转的抓取检测深度网络(图7.5),将THU抓取数据集按照4∶1的比例划分为训练集和测试集。在测试中输入图片,得到每个参考矩形框的可抓性分类得分以及其对应的考虑旋转角度的抓取矩形框,抓取检测的结果如图7.21所示。图中第一行为模型的图像输入,目标物包括各种形状材质。第二行是各个位置参考矩形框可抓性分类评分的可视化图,颜色越亮(深)则表示该位置可抓性评分越高,越适合抓取;颜色越暗(浅)则表示该位置可抓性评分越低,越不适合抓取。由图7.20可知,该网络可以从图像中找到适合抓取目标物的位置。第三排图像中显示的是得分最高的预测抓取矩形框。可以看出,预测出的抓取矩形框可以很好地反映出适合抓取目标物的位置和姿态,并较为正确地得到抓取矩形框的旋转角度。

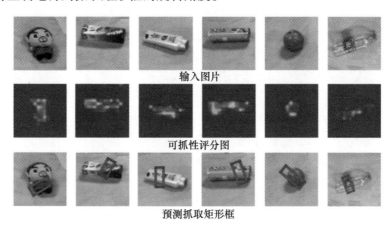

图 7.20 考虑旋转的抓取检测模型在 THU 抓取数据集上的抓取检测结果
(其中,第一行为模型的输入图像,第二行和第三行为模型的输出结果,
分别为参考矩形框的可抓性评分热图和预测的抓取矩形框)

图 7.21 实际抓取操作

2. 实际抓取操作

将用由 THU 抓取数据集训练得到的抓取检测网络应用于实际实验操作场景中。目标物置于操作台上,将由 Kinect2 摄像机拍摄到的场景图像输入到抓取检测网络中,检测出抓取矩形框。再将抓取矩形框转化为灵巧手位姿,经机械臂运动到达目标位置,对目标物进行抓取操作,再通过抓取稳定性评估判定抓取是否成功。

在实际实验操作平台的抓取操作结果如图 7.21 所示。左图为抓取检测深度网络的检测结果,为对于不同输入图像的目标物的抓取矩形框,灵巧手由机械臂带动到达检测到的预抓取位置和姿态,进行抓取操作。由图可知,所搭建的机器人抓取操作系统可以成功地抓取目标物。利用训练得到的网络,对 17 个目标物进行重新抓取测试,每个目标物抓取 10 次,最终得到平均抓取成功率为 61.2%,优于在进行抓取数据集采集中仅利用深度信息进行抓取检测的成功率 39.4%。验证本章所提出的抓取检测深度网络的有效性,并成功地应用于实际实验操作场景中。

本章利用图像中的矩形框来表示平行爪夹持器的抓取位姿,建立一种端到端的抓取检测深度网络模型,提出的网络可实时地从图像中检测出目标物的最优抓取矩形框。该网络分别在 CMU 抓取数据集和 Cornell 抓取数据集上进行实验验证。实验结果表明,所提出的模型取得优于现有其他主流方法的结果。

第8章 基于视-触模态的抓取稳定预测

近年来,随着人们对服务型机器人的需求不断提高,除了在上一章介绍的机器人基于视-触觉融合的自主完成抓取操作的能力之外,还需要增加机器人精细操作的能力,其中机械手对物品的稳定抓取是精细操作的重要基础。视觉信息提供对操作物体的粗略定位,但是机械手与物体之间的接触情况、作用力情况则必须通过接触式的触觉传感器完成感知。机器人操作过程中,通过外在的视觉相机能够观测操作物体的形状、大小和轮廓等信息,以及机械手对物体的抓握方向;通过操作机构上的触觉传感器,反映机器人实际抓取物体的施加力大小、操作时物体在机械手内是否滑动等接触情况。因此,视-触觉信息在物体的稳定抓取预测中起着重要的作用。

8.1 视-触多模态数据采集系统

考虑到目前缺乏抓取过程的视-触觉数据集研究抓取稳定预测问题,文献(Yang C,et al,2018)设计一套能够自动检测物体位置和姿态,生成多种抓取位置和姿态、抓取力的抓取操作视-触觉数据采集系统。该系统由 UR5 机械臂、带触觉传感器的三指灵巧手和两个 Intel RealSense SR300 深度相机构成。抓取的物品来自 YCB 物品集,该数据集提供所有物品的 3D Mesh 文件。在实验中,通过 ICP 匹配算法识别实验台上物体的位置和姿态,生成 3 种抓取方向,通过机械臂提供的运动规划器引导灵巧手完成抓取,SR300 相机记录抓取前的图片以及抓取整个过程的视频序列,与此同时,触觉传感器记录抓取过程的触觉序列数据(图 8.1)。

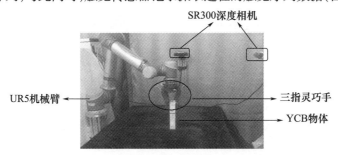

图 8.1 抓取操作视-触觉数据采集系统

在文献中(Yang C,et al,2018)采用深度神经网络对视觉做特征提取,使用递归神经网络对触觉序列做时序特征提取,同时比较稳定预测实验结果。目前,通过卷积神经网络(Convolutional Neural Network,CNN)对视觉图像进行局部视野感知,分析抓取前和抓取时的视觉图像中机械手的抓取方向与抓取深度,用以分析抓取稳定预测。另外,考虑到抓取过程中的触觉序列,采用长短期记忆网络(LSTM)学习触觉特征,在利用历史触觉信息的同时,选择性遗忘部分与抓取无关的信息。文献(Yang C,et al,2018)针对机器人抓取稳定预测问题:①设计检测物品位置和姿态,并生成多种抓取方向的自动抓取系统,记录抓取过程中的视觉和触觉信息,另外,通过自监督的方式对抓取过程稳定性进行标注;②构建第一个视触觉多模态数据集,为机器人稳定精细操作分析的数据支持;③搭建一个处理多模态信息的深度神经网络,用于抓取稳定预测。

数据采集系统主要由三部分组成:机械手臂抓取系统、视觉系统和 YCB 抓取物品集。机械手臂抓取系统包括三指灵巧手、机械臂和操作平台。目前,比较流行的三指灵巧手为 BarrettHand。但是这款灵巧手仅有位置和速度控制模式,不支持力矩控制模式,因此,BarrettHand 抓取过程中不能控制抓取力。在稳定抓取预测问题上,抓取力是一个很重要的因素,它直接影响灵巧手上触觉值的输出。针对抓取稳定预测问题,需要通过调节抓取力从而影响触觉信息,再由触觉信息分析抓取稳定与否。因此,本系统采用 Intel 设计的三指灵巧手 Eagle Shoal(Wang T,et al,2019),如图 8.2 所示,Eagle-Shoal 三指灵巧手由 3 个手指与一个手掌构成,一共 8 个自由度,每根手指有两

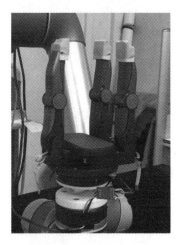

图 8.2 Eagle Shoal 三指灵巧手

个独立的自由度,任意两个手指还具有独立绕手掌旋转的自由度,每根手指上有 4 个单触点的压力传感器,手掌处也有 4 个压力传感器,但在本次实验中很少接触到,因此,采集数据时并不记录该触觉数据。机械臂采用 UR5 六自由度工业机械臂,它具有操作精度高、灵活性好、低噪声等优点。

视觉系统采用两台 SR300 近距离深度相机,分别布置于 UR5 机械臂基座的正前方和左侧,根据正前方相机采集的点云图与物体的三维模型文件做 ICP 匹配估计物体的位置,在本次抓取稳定预测实验过程中,仅根据估计的物体位置和姿态计算 3 个固定抓取位置和姿态,通过 MoveIt 规划机械臂轨迹完成抓取,同时,两个相机记录抓取前物体图像以及抓取整个过程的操作视频。操作物品挑

选 10 种 YCB 物品集中的物体,YCB 物品集是一套专门用于机器人抓取与操作学术研究的日常生活用品,由耶鲁大学、卡耐基－梅隆大学以及加州大学伯克利分校三所大学联合发布,包括各种生活用品、厨房用具、操作工作等 72 类物品。本实验中挑选 10 种适合三指灵巧手抓取的物品,如图 8.3 所示。

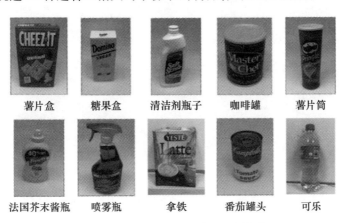

图 8.3 本实验采用的 10 种抓取操作物品

在视－触多模态数据采集过程中,为了保证抓取过程稳定与不稳定的数据多样性,针对每类物品将采用 3 种抓取力、3 种抓取方向进行抓取操作,如图 8.4 所示。在每次实验过程中,通过估计的物体位置和姿态生成 3 种灵巧手的抓取方向,分别是从物体中心上方固定高度垂直向下抓取,从物体左侧固定距离水平向左抓取,以及物体后方固定距离水平向前抓取。另外,分别采用 50mA、100mA 和 150mA 3 种输出电流控制三指手抓取力,不同抓取力将通过手与物体接触时压力传感器的峰值体现,同时较小的抓取力抓取较重的物体时,会产生明显的不稳定抓取或者抓取时滑落。灵巧手在一定电流控制下闭合后,开始记录抓取过程的视觉信息和触觉信息,通过控制机械臂垂直向上抬升 10cm 高度,在抓取稳定后,通过检测手上压力传感器的值和灵巧手当前关节角度,如果抓取不稳定或者物体滑落后,压力传感器的值将为 0,同时灵巧手在电流环控制的情况下将闭合到最大程度,通过检测灵巧手角度状态和压力传感器值可自动标注本次抓取为不稳定抓取,否则,本次抓取为稳定抓取。抓取数据集包括 10 种物体,每种情况尝试抓取 30 次,因此,一共 2700 次左右抓取实验。图 8.5 所示为其中一个样本的可视化图,左图为抓取过程的视觉序列可视化过程,右图为触觉序列的可视化过程。抓取的次数统计如图 8.6 所示。抓取过程中每种物品抓取稳定与否的次数统计如图 8.7 所示。

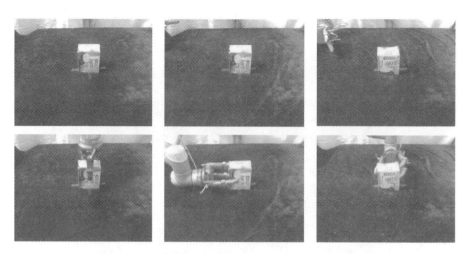

图 8.4 稳定抓取视觉图像(抓取前图像(上)和抓取时(下),
从左到右表示三种抓取方向(向下抓取、从上抓取、从后抓取))

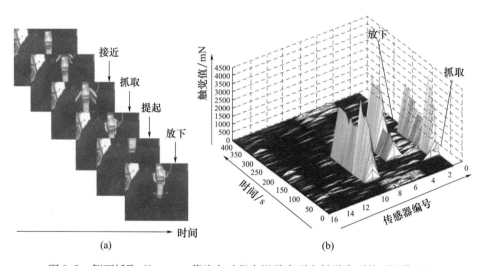

图 8.5 侧面抓取 Cheez-it 薯片盒过程中视觉序列和触觉序列的可视化过程
(抓取过程分接近、抓取、提起和放下四个过程,在触觉序列中初始
出现触觉值时刻为抓取时,最后触觉值消失时刻为放下时)
(a)视觉序列;(b)触觉序列。

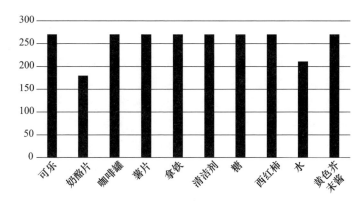

图 8.6　实验中针对每种物品的抓取次数统计

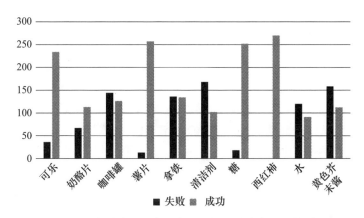

图 8.7　实验中针对每种物品的抓取稳定与否的统计

8.2　抓取稳定预测

8.1 节采集的多模态稳定抓取数据集,每次抓取实验将有两台相机记录图像信息。将一次抓取过程扩充为 2 组数据 – 标签对,其中触觉序列相同,视觉信息分别为两台不同相机采集到的图像信息,因此,用于稳定抓取预测网络训练的数据将有 5400(2700×2)组数据。本节将介绍利用这些数据,采用监督学习的方式训练稳定预测网络,得到抓取预测结果。

8.2.1　数据预处理

在 40Hz 采样频率下,从灵巧手上的压力传感器采样得到触觉序列。由于压力传感器标定不一,不能直接将传感器数字直接输入 LSTM 中,将整个触觉序列规整到 0~1 的连续值。在采集数据时,将每次抓取过程的触觉序列都限定为 600 个采样点,保证数据的一致性。

在视觉图像上,总共能够观测到的只有 2700×2 = 5400 组图像数据,在用卷积神经网络(本实验中采用 ResNet-18 网络结构)提取视觉特征时,难以在如此少的数据集上训练收敛,因此,本章中采用一种度量学习方法——时间对比网络(Time Contrastive Network)。抓取过程的视频信息提取 Anchor、Positive、Negative 数据对,定义 Triplet 损失函数。利用视频中动作变化连续的特性学习操作过程中的视觉特征,同时也作为后续稳定抓取预测网络中卷积网络部分的预训练过程。如图 8.8 所示,通过多视角相机记录同一抓取过程的视频图像,在同一时刻不同视角下的图像应该表示同一机器人状态。嵌入层 Embedding 向量(也称为特征表示)的某种距离相对较小,而不同时刻的同一视角下的图像表示机器人不同抓取操作状态,其嵌入层 Embedding 向量的某种距离相对较大,在数学上,有

$$\| f(x_i^a) - f(x_i^p) \|_2^2 + \alpha < \| f(x_i^a) - f(x_i^n) \|_2^2, \forall (f(x_i^a)), (f(x_i^p)), (f(x_i^n)) \in \Gamma \tag{8-1}$$

式中:$f(x_i^a)$、$f(x_i^p)$、$f(x_i^n)$ 分别代表锚点、正例和负例的特征表示向量,此外,采用欧氏距离定义向量之间的距离,在二者定义的距离之间加以 α 间距,实验中取值 0.5,Γ 为特征空间。最后得到网络的度量损失的表达式如下:

$$L(a,p,n) = \frac{1}{N} \left(\sum_{i=1}^{N} \max\{d(a_i,p_i) - d(a_i,n_i) + \alpha, 0\} \right) \tag{8-2}$$

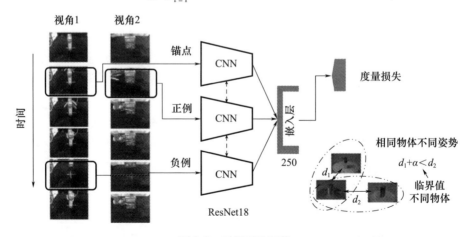

图 8.8 时间对比网络

此处的 $d(a_i,p_i)$、$d(a_i,n_i)$ 为欧氏距离,我们通过基于动态计算图的深度学习库——Pytorch 搭建深度网络和损失函数,完成对机器人抓取过程的视觉状态特

征提取,为后续抓取稳定预测的视觉部分作预训练。

8.2.2 基于视觉的抓取稳定预测网络

如图 8.9 所示,设计基于卷积神经网络的抓取稳定预测网络,在上一节介绍的通过时间对比网络训练的基础上,将得到的特征向量直接通过两层全连接层(512 – D 和 128 – D)构建的分类器,最终得到抓取稳定预测结果 0 或 1,其中 0 代表抓取不稳定,1 代表抓取稳定,定义交叉熵损失函数如下:

$$L(x,y) = -w[y \cdot \log(x) + (1-y) \cdot \log(1-x)] \quad (8-3)$$

式中:x 为网络预测输出;y 为目标标签 0 或 1;w 为尺度系数。通过优化方法 Adam,学习率设置为 0.001。

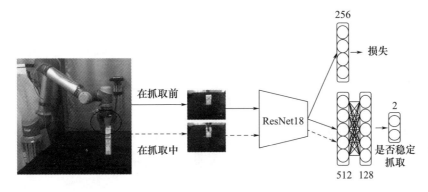

图 8.9 基于视觉的稳定抓取预测网络

在基于视觉的稳定抓取预测网络上,仅仅依靠每次抓取过程的两帧图像。一帧为 YCB 物品在操作台上的抓取前图像,另一帧为灵巧手闭合抓取物体时的图像。从图片中可以看出,灵巧手抓取物体的大致方向以及物体是否包含在灵巧手内。

8.2.3 基于视–触觉融合的抓取稳定预测网络

在视–触多模态融合做稳定抓取方面的工作,其中包括 MIT 的 Edward 教授利用 GelSight 触觉传感器结合视觉图像做稳定抓取预测(Calandra R, et al, 2017),但由于其利用 GelSight 传感器的图像信息代替二指爪接触物体时触觉信息,其本质还是利用图像预测抓取稳定,存在以下几个问题。

(1)其使用微视觉图像代表接触信息,图像信息很难表达抓取整个过程的状态。

(2)在处理图像高维状态信息时,需要更大的数据量才能将预测结果训练收敛。

（3）其预测结果只能在抓取结束后才能预测抓取稳定与否结果，本质上不能帮助后续做稳定抓取的闭环控制。

如图 8.10 所示，设计的基于卷积神经网络和递归神经网络的多模态抓取稳定预测网络结构，其中卷积网络部分跟上一节介绍的一样，都是采用 ResNet18 作为特征提取结构，分类器部分同样采用 512 – D 与 128 – D 两个全连接层。在触觉序列处理方面，采用长短期记忆网络（LSTM）处理该时序信号；在 LSTM 网络的参数设定方面，利用 Pytorch 提供的 LSTM layer 的接口，隐含层参数设定为 128 个神经元，递归的处理 $0 \sim T-1$（$T=600$）时间段的触觉采样数据。

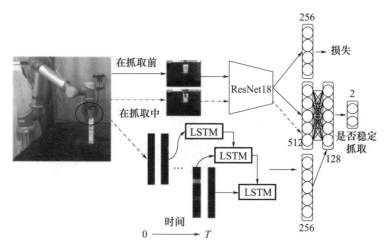

图 8.10　基于视触觉的稳定抓取预测网络量

值得注意的是，设定抓取触觉序列是从抓取前到闭合灵巧手时，后续机械臂控制灵巧手完成抬升物品时不再记录触觉序列，使得预测的抓取稳定结果可以直接用于稳定抓取的闭环控制。

在最后一个时刻的触觉输出后，将 LSTM 的输出与前面的视觉特征合并成 512 + 256 = 768 – D 维的视触特征表示，最后通过 128 – D 维的全连接层和 2 – D 的预测输出层。

8.3　实验验证

训练网络时的训练曲线如图 8.11 与图 8.12 所示，曲线中最下面的曲线为单独基于视觉的训练测试结果，预测精度一直保持在 85% 左右，而中间的结果为纯触觉模态的训练结果，结果在 90% 左右，其中效果最好的为视触融合的结果,预测准确率达 95%。实验说明,视触融合的方法完成稳定抓取预测,要优于单独的视觉或单独的触觉模态结果。

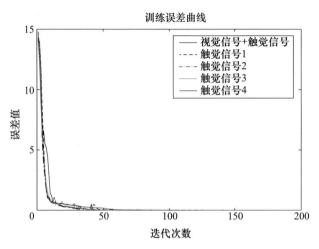

图 8.11　网络训练损失函数曲线

(其中"视觉信号 + 触觉信号"为视触两种模态信号的网络损失函数下降曲线)

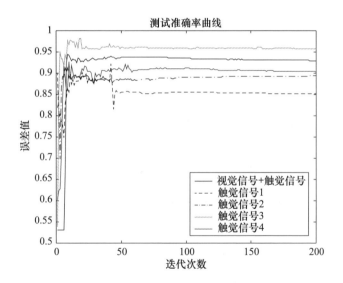

图 8.12　网络训练损失函数曲线

(其中"触觉信号 + 触觉信号"为视触两种模态信号的稳定预测准确度)

本章设计了一套自动检测抓取目标位姿,完成多种抓取力,抓取方向的视触多模态稳定抓取数据的采集系统。在系统中,抓取系统中加入位姿匹配算法,使得机器人能够自动生成多种抓取姿态,同时通过检测灵巧手的压力传感器的值和各关节角度状态信息,自动完成稳定与否的结果标注过程。在采集的数据集上,利用时间对比网络对视觉图像进行预训练,采用 ResNet18 提取灵巧手抓取前和抓取时的视觉特征信息,采用 LSTM 提取触觉信息,融合二者完成稳定抓取预测任务。实验结果表明,结合视触融合信息预测稳定抓取过程效果要好于单独使用视觉信息的预测结果,同时预测结果可以很好地稳定抓取的闭环控制过程中。

第 9 章　基于视-触原理的多模态传感器

为提升机器人的环境感知能力,需要配备多种传感装置。然而,机器人利用多个传感装置获取多种模态信息时,各自孤立的感知割裂了各模态信息之间的内在关联,导致物理世界的一些关键信息被丢失。就目前性能对比来看,该方法较单模态来说优势明显,但也存在众多弊端,限制机器人的智能化发展。一方面,利用多个传感装置获取的多模态信息在结构设置、时间尺度和空间维度上有很大差异,如何融合力-触-视等传感器获得的同步测量数据以及反演各模态信息在时空尺度上的差异,以确定信息世界与物理世界的数据交换规律,是感知数据认知计算和推理的重要难点,对算法性能、处理设备等的要求极高;另一方面,机器人利用各个传感装置协作时,各个模态之间的信息处理、转换存在时间差,让机器人看起来并不是那么灵敏,也是影响机器人智能化评判的重要因素之一。因此,开辟新的获取多模态信息的方法对机器人的智能化发展来说尤为重要。

为使机器人可感知同一时间、空间状态下的物体多模态信息,本章将介绍一种多模态触觉传感器。该多模态触觉传感装置是一种基于视觉的触觉传感器,融合了视觉的高分辨率、信息丰富、结构简单等优势。

9.1　多模态传感器的研制

9.1.1　多模态触觉传感器的工作原理

多模态触觉传感装置为一种基于视觉的触觉传感装置,即其通过视觉来获得触觉信息。该类触觉传感装置的重要组成部件为相机、支撑板、弹性体以及附着层。相机作为该装置的视觉传感来捕获触觉信息,支撑板为全透明板或具有足够大的透光孔,使相机能够透过支撑板拍摄弹性体上表面的图像;弹性体为透明弹性体,附着层位于透明弹性体的上表面,如图 9.1(a)所示。其工作原理为在物体与弹性体的附着层面接触时,弹性体及附着层会根据物体的形状及受力发生相应的形变,如图 9.1(b)所示。通过处理相机获取的弹性体形变图像或视频即可得到物体表面属性、温度、受力等触觉信息。该类触觉传感装置可感知环境的多模态信息是基于附着层的性能,附着层放大、凸显弹性体产生的形变使触觉传感装置获取物体表面的纹理图像,即粗糙度、坚硬度等;附着层的颜色变化可感知物体的温度区间;附着层内标记点的位移与弹性体受力有关,即可获得触觉传感装置抓取物体的三维力。因此,该装置的弹性体表面附着层的材料选择和制备过程至关重要,决定了机器人在操作过程中可获取触觉信息的质量。

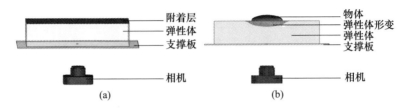

图9.1 机器人指尖多模态触觉传感装置的工作原理图

(a)基于视觉的触觉感知装置重要结构图;(b) 基于视觉的触觉感知装置的工作原理图。

9.1.2 光学系统设计

相机的性能对该触觉传感装置至关重要。相机的分辨率直接影响获取触觉信息的质量,相机的尺寸和焦距决定了装置的结构尺寸,广角度决定了装置的可感知区域面积等。一般情况下,结构尺寸越小、可视区域越大的装置更为灵巧、性能更好,但摄像头的尺寸和焦距越小,增大广角度数的难度越大,因此需选取合适尺寸、焦距、广角度数的摄像头。此处选用的摄像头型号为 YJX – XHX – USB0.3 的微距、广角度数为 110°的小型摄像头,该摄像头的焦距可自行调节。其分辨率和帧率分别为 30FPS UXGA MJPEG、15FPS UXGAYUV,像素为 640(H) × 480(V),灵敏度为 600MV/LUX – SEC。摄像头模组板的尺寸可根据装置的需求自行设计,本章中设计的两款多模态装置因结构不同,使用了两款不同的结构,如图 9.2 所示。其中,图 9.2(a)为机器人二指手指尖的触感装置使用的摄像头,图 9.2(b)为机器人五指手指尖的触感装置使用的摄像头。

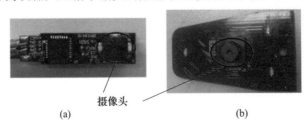

图9.2 摄像头实体图

相机拍摄图像时易受光线干扰,为使装置能够获取高质量、稳定的触觉信息,需为相机拍摄提供均匀、稳定、适当亮度的光源。机器人二指手指尖触觉传感装置的灯光使用环形 LED 光圈,如图 9.3 所示,共含有 12 个 LED 灯,透明弹性体的每一侧具有 3 个 LED 灯。机器人五指手指尖的触觉传感装置的 LED 灯集成在了摄像机模组板上,具体位置为图 9.2 中 3 个白色的长方形处。

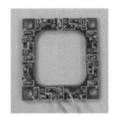

图 9.3　LED 灯光圈

9.1.3　弹性体的制备实验与分析

弹性体的透明度、软硬度及纯度(无杂质或气泡等)都将严重影响触觉感知装置的性能。本章介绍的多模态触觉传感器的弹性体制备材料选取的是聚二甲基硅氧烷(来自 WACKER SilGel® 612),具有快速热固化、高透明度、低黏度且软硬度可自行调配等优点。该材料由 A、B 两种成分组成,两种成分的不同配比可制备出软硬度不同的弹性体。弹性体的制备流程如图 9.4 所示。制备的透明弹性体如图 9.5 所示。

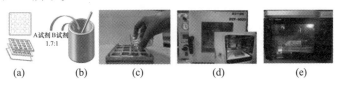

图 9.4　弹性体制备流程图

(a)模具设计及加工;(b)A、B 试剂混合、搅拌;(c)浇灌模具;(d)真空除泡;(e)加热固化。

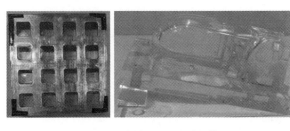

图 9.5　制备的透明弹性体

9.1.4　附着层的制备实验与分析

附着层可以放大弹性体形变的细微度,并防止外界光透过透明弹性体影响摄像头的拍摄质量。因弹性体透明度非常高,当触觉传感装置在外界环境中工作时,外界光很容易透过透明弹性体与亚克力板发生光反射等效应,减像相机捕捉内部光照信号,触觉传感装置与外界环境接触时,摄像机可直接拍摄到外界物体的本身颜色,颜色变化不一、深浅不一,难以得到弹性体的真实形变细节。在弹性体上表面制备一层合适的附着层可极大地提高该类触觉感知装置的性能。

根据附着层的功能及应用场景,总结出弹性体上表面的附着层需具备的性能包括以下几种。

(1)与弹性体具有贴合性。与弹性体贴合性不好的附着层在与物体接触发生形变时,会与弹性体之间产生间隙,导致摄像机拍摄到的图像内形变处的颜色与真实颜色不符,从而产生不必要的误差。

(2)延展性强。为使该类装置对物体具有较好的敏感度,即接触到物体时便使弹性体产生相应的形变,所以弹性体具有较好的弹性和柔软度。当弹性体与物体发生接触产生形变时,附着层也会承受相应的力产生形变,若附着层的延展性较差,受力后产生的形变会导致附着层断裂。上节中已提到,弹性体的通透性较好,一旦附着层产生裂痕,外界光便会透过裂缝进入装置内,导致摄像机拍摄到的图像既包含了接触物体产生的形变还有大量明显的亮光裂痕。触觉感知装置每次接触的物体不尽相同,每次产生的裂痕很难相同,很难用相同的图像处理方法解决裂痕带来的误差。

(3)纳米级颗粒。附着层材料的颗粒较大,一方面,会影响附着层的延展性;另一方面,会降低弹性体形变的细微度。装置选用的摄像机为30万像素,该相机拍摄到的纳米级以上的颗粒层呈颗粒状,并且弹性体形变的最小单元是由附着层颗粒决定的,颗粒太大会丢失大量物体表面的细节信息。

(4)透光性低。附着层的作用之一是防止外界光源进入装置内部影响摄像机的拍摄质量,因此,附着层的制备材料必须具有较低的透光性。附着层材料的颜色尽量避免选择太深的颜色,如黑色、深灰等,太深的颜色灰度变化不明显,层次感差,增大了后期图像处理的难度。

基于附着层的选取标准,将从溅射金属层、印刷感温变色油墨材料两个方向进行探索实验。

1)金属附着层制备

选取金属层的原因在于金属防光性较好,并且近几年金属溅射技术已较为成熟,金属层已可以做到纳米级。溅射的纳米级金属层的延展性较好,感知灵敏度非常高,轻触即可获得明显清晰、细微的纹理。考虑到金属的延展性、颜色及价格,金属溅射层的备选材料为 Cu、Cr、Al。选用的溅射镀膜方式为磁控溅射,其工作原理如图 9.6 所示,主要过程是:首先,将溅射台的腔体内的气体抽出并充入氩;然后,加入高电压,使得电子在电场的作用下与氩原子发生碰撞,电离出大量的氩离子和新电子。氩离子加速轰击靶材溅射出大量的靶材粒子,该粒子均匀地飞向基体成膜。电离出的新电子受磁场影响,被束缚在等离子体区域内沿磁场方向运动。

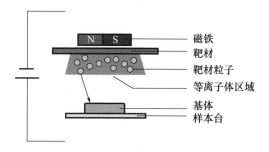

图 9.6　磁控溅射工作原理图

根据实验条件和具体需求,溅射镀膜选用的靶材实验材料为金属铜(Cu)、铬(Cr)、铝(Al)。3 种金属在透明弹性体表面溅射后的效果图如图 9.7 所示。从图中可看出,附着效果最好的为金属 Cu,基本无裂痕,并且表面平滑;其次是金属 Al 的溅射表面,一些细微裂痕导致表面有细微不平整;最差的为金属 Cr 的溅射表面,裂痕明显。综合考虑,多模态触觉传感器的弹性体表面的附着层制备靶材选用金属铜。

图 9.7　弹性体表面分别溅射金属 Cu、Cr、Al 的效果图

2)温度感知层制备

选取感温变色材料的原因是其属于颜料的一种,颜色种类众多,并且可研磨至纳米级别。该材料用硅胶硅油混合均匀后与弹性体的贴合性极好,延展性与弹性体本身相差不大,不易产生裂痕非常适用于弹性体表面。更重要的是,该材料可以感知温度来改变自身的颜色,为机器人触觉传感装置获取更多模态的触觉信息。感温变色材料的变色原理为在临界温度产生电子转移而导致分子结构变化,并且该分子结构变化过程可逆。即该材料在临界温度及以上温度时,会由原本的颜色变为白色,在低于该临界温度时该材料变回原本颜色。

通常情况下,3 种基色即可表达某个色彩域的所有色彩。为防止产生相同色彩造成温度混淆,只选用了 3 种区别较明显颜色的感温变色材料作为制备材料,分别为黑色、红色、蓝色。3 种颜色的感温变色材料的临界温度值是通过人类温度感知实验而选取的。为使该触觉感知装置对物体温度感知的能力与人类相近,能够区分冰冷、凉、常温及热,对不同人感知这4个状态的温度进行了调查实验。实验方法是:在同一环境中,随机挑选10个实验者并蒙住他们的双眼,只让他们用手去感知物体的冷热状态,提前告知有冰冷、凉、常温和热这4个状态可供选择,如图9.8所示。此次实验的物体温度区间为-10~60℃。首先,在该区间内选取温度间隔为5℃的物体,随机让每个试验者触摸,记录每个试验者对每个物体的温度状态感知结果,如表9.1所列。然后,在每个试验者感知冰、凉和常温的3个状态的最后一个温度值与倒数第二个值之间,选取温度间隔1℃的物体让对应的试验者随机触摸,记录最终状态感知结果。结果如表9.2所列。从表中可以看出,人类对温度的感知状态不尽相同,原因有很多种,如身体状况、心理素质等因素。将10组数据的每个状态的温度值求平均值,作为4个状态的临界温度值,分别为5℃以下(冰)、5~22℃(冷)、22~45℃(常温)及45℃以上(热)。为保护装置在一定温度范围内工作,在附着层的下层制备了标记点感温层,用来警告装置的工作环境或接触物体的温度已超过一定温度,此温度值选为85℃。因此,感温变色材料选取的颜色及相应临界温度是:黑色—5℃,红色—22℃,蓝色—45℃,红色—85℃。

图9.8 人类触觉感知区域(冰、凉、温、热)测量过程示例图

表9.1 温度区间感知表格1

	-10℃	-5℃	0℃	5℃	10℃	15℃	20℃	25℃	30℃	35℃	40℃	45℃	50℃	55℃	60℃
1号	冰	冰	冰	冰	凉	凉	常	常	常	常	常	热	热	热	热
2号	冰	冰	冰	冰	凉	凉	凉	常	常	常	常	热	热	热	热
3号	冰	冰	冰	冰	凉	凉	凉	凉	常	常	热	热	热	热	热
4号	冰	冰	冰	冰	凉	凉	凉	常	常	常	常	热	热	热	热
5号	冰	冰	冰	冰	凉	凉	常	常	常	常	常	热	热	热	热
6号	冰	冰	冰	冰	凉	凉	凉	常	常	常	常	热	热	热	热
7号	冰	冰	冰	冰	凉	凉	凉	常	常	常	常	热	热	热	热
8号	冰	冰	冰	凉	凉	凉	凉	常	常	常	常	热	热	热	热
9号	冰	冰	冰	凉	凉	凉	凉	常	常	常	常	热	热	热	热
10号	冰	冰	冰	凉	凉	凉	常	常	常	常	热	热	热	热	热

表9.2 温度区间感知表格2

	3℃	4℃	5℃	6℃	7℃	18℃	19℃	20℃	21℃	22℃	43℃	44℃	45℃	46℃	47℃
1号	冰	冰	冰	冰	凉	凉	凉	常	凉	常	常	常	热	热	热
2号	冰	冰	冰	凉	凉	凉	凉	凉	凉	常	常	常	热	热	热
3号	冰	冰	冰	冰	冰	凉	凉	凉	凉	凉	热	热	热	热	热
4号	冰	冰	冰	凉	凉	凉	凉	凉	常	常	常	常	热	热	热
5号	冰	冰	冰	冰	凉	凉	常	常	常	常	常	常	热	热	热
6号	冰	冰	冰	冰	凉	凉	凉	凉	凉	常	热	热	热	热	热
7号	冰	冰	冰	冰	凉	凉	凉	凉	凉	常	热	热	热	热	热
8号	冰	冰	冰	凉	凉	凉	凉	凉	常	常	常	常	热	热	热
9号	冰	冰	冰	冰	冰	凉	凉	凉	凉	凉	常	常	常	热	热
10号	冰	冰	凉	凉	凉	凉	常	常	常	常	常	常	热	热	热

感温变色附着层的制备主要步骤如图9.9所示,分为将已选好的3种感温变色粉末以1∶1∶1的比例混合均匀、混合好的感温变色粉末与硅胶硅油以6∶1的比例充分混合、利用丝网印刷工具将混合好的材料均匀涂抹在弹性体的上表面、放入80℃的保温箱加热120min。通常情况下,在第二步骤后,即3种感温变色粉末混合成感温变色油墨之后,应将混合好的油墨材料涂抹在白纸上,接触不同温度区间的物体(5℃以下、5~22℃、22~45℃、45℃以上),查看该油墨材料是否混合均匀以及颜色变化是否明显。选用的3种感温变色材料(黑色为5℃、红色为22℃、蓝色为45℃)产生的感温区间为4个,分别为5℃以下、5~22℃、22~45℃、45℃以上,4个感温区间对应的感温变色附着层的颜色为黑色、紫色、蓝色、白色。其效果对比图如图9.10所示。感温标记点层的制备只使用了85℃的红色感温变色材料与硅胶硅油搅拌均匀印刷在感温附着层与透明弹性体之间。最终基于温度感知的触觉传感装置在常温环境下获取到的图像为图9.10中最右上角的图像。

3)多模态感知层制备

金属溅射附着层和感温变色附着层分别在纹理识别、温度感知方面具有优异的性能。图9.11所示为两款装置使用相同操作平台、相同采集方式获取的织物纹理效果图。从图中可以看出,基于纹理识别的触觉传感装置获取的织物纹理效果更清晰、细微、层次感更强;相比之下,基于温度感知的触觉传感装置获取的纹理图像略显模糊,但其感知物体温度区间的效果非常优异。

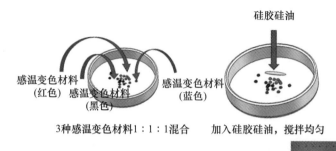

图 9.9 感温变色附着层制备过程图

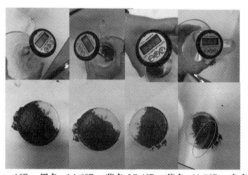

1℃—黑色 14.6℃—紫色 27.4℃—蓝色 51.9℃—白色

图 9.10 感温变色附着层感温效果图(见彩插)

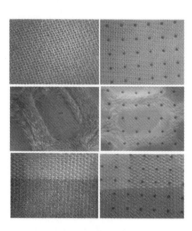

图 9.11 两种附着层接触织物时的效果对比图

图 9.12 所示为基于温度感知的触觉传感装置抓取不同温度的十字刀时获取的图像,其感知的 4 个温度区间的颜色差异非常明显。为使机器人在操作时能够同时获取两种模态的信息,研制了多模态感知附着层。其实现方式为将基于温度感知的触觉传感装置的感温变色附着层制备为弹性体表面的标记点层,而后该标记点层上方的附着层选用金属溅射附着层。该集成方法很好地保留了

触觉传感装置感知物体纹理和温度的性能,并且温度感知标记点层还可用于触觉传感装置的受力分析。

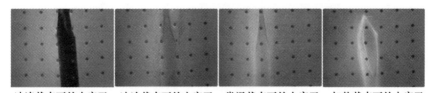

冰冻状态下的十字刀　　冰冷状态下的十字刀　　常温状态下的十字刀　　加热状态下的十字刀

图9.12　感温变色附着层接触不同感温区间物体时的效果图

多模态触觉感知层的制备集成了感温变色标记点层以及金属溅射附着层的制备。因金属溅射附着层为棕色且不透光,需将感温变色标记点层制备在金属溅射附着层的下方,与透明弹性体相贴,使得触觉传感装置能够获取到标记点的信息。此处金属溅射附着层的制备方法与9.1节制备方法相同,因此,本节着重介绍感温变色标记点层的制备方法。利用感温变色材料制备弹性体表面标记点层的步骤是:设计及加工掩膜板;制备感温变色油墨材料;加热固化。

(1)设计及加工掩膜板。掩膜板的难度在精细,无论是掩膜板的厚度还是标记点孔的尺寸都要求在0.3mm左右。因摄像机的像素、分辨率等性能优异,在15mm的微距下弹性体表面的图像往往会在一定程度上被放大,清晰度较好,过大的标记点会影响纹理效果及后期的纹理处理难度。掩膜板的厚度决定了标记点层的厚度,由上文中关于金属溅射层的制备介绍中已提到金属溅射层的厚度在纳米级别,过厚的标记点层容易导致金属溅射层产生裂痕,同时影响金属溅射层获取纹理的灵敏度。根据掩膜板的制作难度以及大量的标记点制备实验,最终使用的掩膜板的厚度为0.2mm,标记点的直径为0.1mm。

(2)制备并印刷感温变色油墨材料。此处感温变色油墨材料的制备方法与感温变色附着层的油墨材料的制备方法相同,制备成功后可通用。但需要注意感温变色油墨材料的储备环境应保证干净、无风、无强光照射,感温变色材料易风干、变质。印刷感温变色油墨材料采用的工具为简易版的丝网印刷工具,将掩膜板固定在制备好的弹性体表面后,使用刮板将感温变色材料均匀的印刷在弹性体表面,而后将掩膜板迅速揭下。需要注意的是,在揭下掩膜板之前,即感温变色材料印刷结束后尽量不要在掩膜板表层余留感温变色油墨材料。

(3)加热固化。感温变色油墨材料在弹性体表面印刷完成后,将制备好的弹性体放入温度80℃的恒温箱加热2h,促进感温变色油墨材料固化成形。

按照以上步骤,制备好的感温变色标记点层及金属溅射层如图9.13所示,该图像为多模态触觉传感装置在未与物体接触时常温环境中获取的图像。

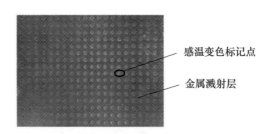

图9.13 集成多模态的触觉传感装置常温环境下获取的图像

9.1.5 装置结构设计与加工

本节将介绍两款多模态触觉传感器实体结构,如图9.14和图9.15所示,可分别安装于机器人二指手和五指手的指尖。二指手指尖触觉感知装置外型为长方体,该装置与物体的接触面积比较大,能够获取到更多、更稳定、易处理的触觉信息。五指手指尖触觉传感装置形似人类的手指尖,体型较小、灵活度高,可安装于仿人灵巧五指手上进行一些仿人的灵巧操作。

机器人二指手指尖多模态触觉感知装置尺寸为39mm×27mm×25mm,由底壳、摄像头、支撑板、固定版、LED灯、弹性体及上盖构成,其安装顺序及实体结构示意图如图9.14所示。摄像头被固定在底壳的底部,支撑板通过底壳内部四周的支柱固定在摄像头镜头的正上方1mm处,固定板、LED灯将弹性体套嵌在内部,将弹性体固定在装置的中心位置,其中LED灯板位于固定的上部。透明弹性体部分突出于上盖,使其能够与外界环境进行接触,获取外界环境中的触觉信息。外壳与上盖通过螺丝连接将所有零件构成一个整体,通常情况下,底壳与上盖的制备材料应为防光性好、硬度较高的材料,从而避免外界光线影响装置捕获的图像质量。底壳、支撑板、固定板及上盖的制备材料选取的为ABS材料,并

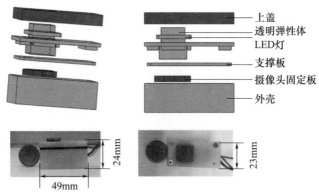

图9.14 二指手多模态触觉传感装置

利用精度为0.09mm的3D技术打印而成,满足防光需求,并且具有低成本、易制备等优点。

二指手多模态触觉传感装置支撑板的作用为支撑透明弹性体,使装置在工作时弹性体受力后,弹性体底部位置不变;同时支撑板被固定于底壳的4个支柱上,是为了防止弹性体、支撑板受力后碰撞、磨损摄像头镜头。固定板的中心位置具有一个边长为21mm的正方形孔,弹性体方块可套嵌在其正方形孔内,使弹性体受到侧向力后不发生侧向移动。LED灯环绕在透明弹性体四周,为装置内部提供均匀、稳定的光源,提高相机拍摄的图像质量。

机器人五指手指尖多模态触觉感知装置形似人类指尖,可安装于仿人五指机械手上。它由相机、亚克力板、弹性体及连接轴构成,其安装顺序及实体结构示意图如图9.15所示。摄像头位于指尖触觉感知装置的顶部,即人类手指的指盖位置,通过连接轴与亚克力板、弹性体的上表面紧密贴合,并且亚克力板尾端与连接轴处可通过螺栓固定,使该装置形成一个密闭的整体。在装置内部,该摄像头模组板的两个顶端装有3个LED灯,为整个密闭空间提供均匀、稳定的光源,使摄像头能够拍摄到清晰、稳定的图像。该机器人五指手指尖触觉感知装置中的连接轴将该装置与机器人五指机械手连接在一起,机械手通过控制连接轴的角度使指尖触觉传感装置接触外界环境,装置的弹性体与物体接触后发生相应形变,通过处理相机捕获的弹性体表面图像即可得到触觉信息。亚克力板的作用是在弹性体受力后支撑透明弹性的底部,保证其位置不变,便于后期的触觉信息处理。

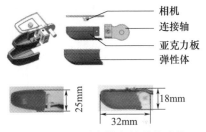

图9.15 五指手多模态触觉传感装置

9.2 多模态信息及数据集

9.2.1 纹理信息及数据集

计算机图形学领域的物体纹理既包括由物体表面凹凸不平形成的沟纹纹理又包括由物体表面颜色变化在光滑表面形成的花纹纹理,也是以往传统传感装置最难区分的两类纹理。但在机器人实际操作过程中,能否区分物体表面纹理为沟纹还是花纹对机器人的操作准确度、成功率等都起着关键性作用。因具有相同图像的花纹与沟纹两类纹理的物体有着截然不同的粗糙度、坚硬度以及最佳抓取点,这些因素使得机器人抓取两类物体时需要采用不同的抓取机制和策略。因此,机器人能够区分物体的纹理属于花纹纹理或沟纹纹理是非常必要的能力,但至今未有一种简捷直接的传感装置和算法解决这个问题。

在机器人抓取操作中,只具有花纹纹理的物体可统一看作为表面光滑的物体,而不同沟纹纹理的物体通常因具有不同的粗糙度、坚硬度等,需要进一步分析其具体属性。研制的触觉传感装置可轻松地分辨沟纹纹理和花纹纹理,并将沟纹纹理细微的凹凸处显现到摄像机拍摄的图像内。该装置获取到的花纹纹理通常为像素值变化不明显的图像,并且不同的花纹纹理之间没有较大差异。由于弹性体的柔软性在接触到具有沟纹纹理的物体时获取到的图像像素值变化较明显。因不同的花纹纹理的物体对于机器人的操作影响较小,所研究的物体的纹理均属于沟纹纹理,下文中简称为纹理。

为构建基于多模态触觉传感装置采集的数据集,自主搭建了数据采集平台,并设计了采集交互界面,为后续的采集提供便捷、清晰的辅助工具。搭建的数据采集平台主要由铝型材拼接、搭建而成,如图9.16所示,包括操作平台、UR支撑底座、UR臂、Robotiq85机械手以及两个多模态触觉传感装置。

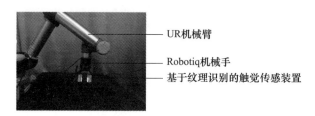

图9.16 数据采集平台

1)采集交互界面

为采集方便设计了交互界面,如图9.17所示。图9.17(a)为采集前静止时的界面图像,图9.17(b)为抓取过程中的采集界面图像。该界面主要功能模块有导入/断开装置内摄像机的按钮模块、摄像机的视频显示模块以及4种采集方式选择按钮模块。此采集交互界面的采集方式分别为手动控制机械手的抓取时间(张开和闭合按钮)、抓取1次(抓取时长为5s)、重新抓取1次(每次抓取时长为5s)、连续抓取50次(每次抓取时长为5s)。设置手动控制机械手抓取时间的采集方式的原因有两方面:一方面易于确认弹性体在抓取过程中的状态;另一方面给予触觉传感装置更多时间感知物体的纹理、温度,通常用于演示或检测数据采集的稳定性。抓取1次的采集方式被应用于温度数据集的采集,以使每次温度数据采集的起始温度均为常温。重新抓取1次的采集方式通常被用来补采一些由于抓空或误抓等误操作产生的不可用图像,也可以用来采集试样本,查看图像效果等。正常情况下,数据集的采集方式选用连续抓取50次的采集方式,以方便、快速地获取数据。

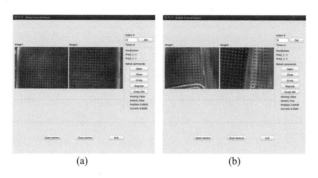

图 9.17 采集交互界面

2）纹理数据集的采集方法

构建纹理数据集选用的样品为 43 种标注好的布料，图 9.18 所示为相机拍摄的 43 种布料的图像，这些布料的标注信息如表 9.3 所列。采集布料纹理的实现过程是：首先固定好布料样品，移动机械臂使布料样品在 Robotiq 二指机械手中间合适位置，闭合 Robotiq 二指机械手，在二指机械手闭合 2s 后，传感装置的摄像机开始采集图像，5s 后二指机械手张开，机械臂移动到原始位置。此过程被看作机器人抓取采集纹理 1 次，每个传感装置在 1 次采集过程中可拍摄 10 张布料的纹理图像。触觉传感装置获取的部分布料纹理效果图如图 9.19 所示。从图中可以看出，布料的纹理图像非常清晰、3D 感突出，细节处也被放大呈现出来，为机器人识别布料提供了大量的触觉信息。

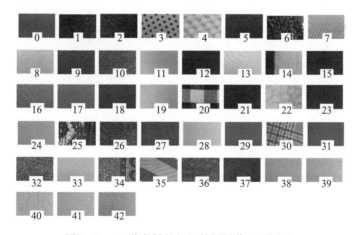

图 9.18 43 种布料的相机拍摄图像（见彩插）

表9.3 43种布料的标注信息

布料标注	布料名称	布料标注	布料名称	布料标注	布料名称
0	丝绒	15	针织毛呢复合	30	100%羊毛
1	帆布	16	醋酸	31	双面绒
2	短毛超柔	17	涤盖棉	32	T/R面料
3	人造皮革	18	抓绒卫衣布	33	20D锦纶
4	金边网眼布	19	雪纺	34	织锦缎
5	亚麻	20	纯棉格子	35	蓝色条纹
6	粗纺	21	牛仔布	36	50D仿记忆
7	腈纶针织	22	羊羔绒	37	仿真丝
8	欧根纱	23	鹿皮绒	38	人棉平纹
9	灯芯绒	24	真丝双绉	39	真丝雪纺
10	针织烫金	25	绗缝品	40	1×1罗纹
11	舒美绸	26	针织呢	41	涤毛贡丝绵
12	罗马布	27	双绉	42	CVC汗布
13	真丝雪纺	28	纯棉		
14	亚麻针织	29	卡丹皇		

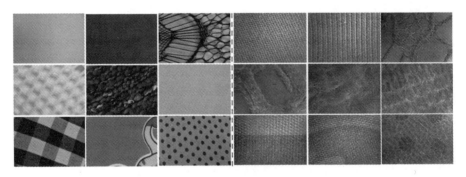

图9.19 部分布料纹理数据集

3)纹理数据集的构建

上述过程的布料采集实验对每种布料进行了100次,采集系统中Robotiq二指机械手的两个手指均安装有设计的触觉传感装置,因此,每种布料共采集了2000张布料纹理图像。然后,将每张图像旋转45°共8个不同的角度,即{0°, 45°, 90°, 135°, 180°, 225°, 270°, 315°}。另一方面,采集的布料纹理图片的大小均为640×480,对每张图像做2×2的clip处理,每种布料物品共得到2000×

8×4=64000 张样本纹理图像。因此,构建的纹理数据集共有 2752000 张图像、43 种布料样本,每种样本具有 64000 张纹理图像。

9.2.2 温度信息及数据集

构建纹理数据集选用的样品均为生活中的常见物品,冰、冷、常温、热 4 个温度区间对应于冷藏室物品、保鲜室物品、常温物体以及加热后的物体等,由于实验室样品有限,使用了部分物体的不同温度状态进行数据采集,所选部分物品如图 9.20 所示,部分物品采集所对应的温度信息见表 9.4。其中物品的温度值使用红外线测温仪测得。

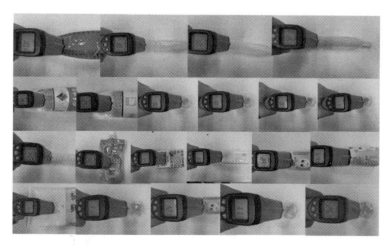

图 9.20 样本图像

表 9.4 部分样本温度信息表

样本名称	温度值/℃	样本名称	温度值/℃	样本名称	温度值/℃
冰袋	−4.7	棒棒冰_常温	25.6	玻璃瓶_热水	56.1
果冻1_常温	26.9	棒棒冰_凉	10.8	玻璃瓶_常温水	32.7
果冻1_凉	11.8	棒棒冰_冰	−16.4	玻璃瓶_凉水	10.8
果冻1_冰	−10.3	塑料瓶_热水	64.5	玻璃瓶_冰	3.2
果冻2_常温	27	塑料瓶_常温水	29.9	酸奶_凉	8.3
果冻2_凉	11.9	塑料瓶_凉水	12.7	纸盒装果汁_凉	8.3
果冻2_冰	−0.7	塑料瓶_冰	−3.6	果冻3_冰	−3.1

通常情况下,一个物体的温度没有表面纹理的多样性,每个样本、每个温度只需采集几次数据便可,因此选用的数据采集方式为单次采集。首先将样品放

置于数据采集平台上,控制机械臂运行到合适位置,而后闭合 Robotiq 二指机械手。在二指机械手闭合 4s 后传感装置的摄像机开始采集图像,5s 后二指机械手张开,控制机械臂移动到原始位置。此过程被看作机器人抓取采集温度信息 1 次,每个传感装置在 1 次采集过程中只拍摄一张图像,每个样品的一个温度采集 5 次。图 9.21 为温度-颜色数据集采集的部分效果图,从图中可以看出,机器人利用该传感装置抓取不同温度区间的物体时,感温变色材料的颜色变化非常明显,分辨性强,为机器人提供了一种人性化"的感温方式。

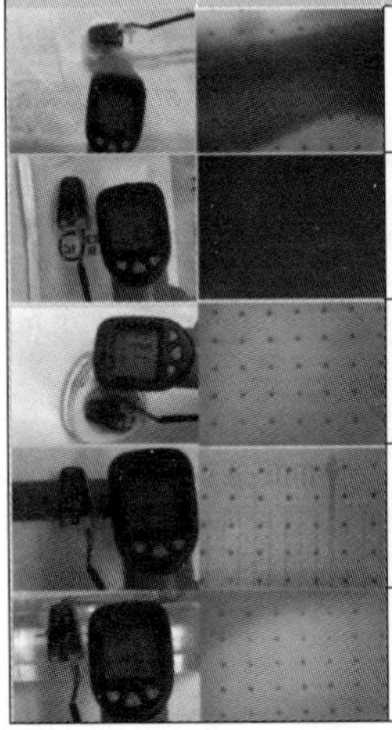

采集场景	感温图像	人类感觉	温度/℃	颜色
		冰	−5.3	黑色
		冰	0.7	黑色
		凉	13.4	紫色
		常温	23.5	紫色
		热	48.4	白色

图 9.21 部分感温-颜色数据集效果图

按照上述采集方式,共采集了 20 种不同温度的物体,4 个温度区间各采集了 5 个不同温度的物体,每个温度采集 5 次数据。因此,利用研制的触觉传感装置构建的温度颜色数据集共包括 100 张图片。

9.2.3 三维力信息

为使该触觉传感装置在可适温度范围内工作,在附着层下方制备了一层红色标记点。这些标记点还可用来辅助触觉传感装置测量物体的三维受力,为机器人的操作过程中提供更多的有用信息。利用标记点测量物体三维受力的步骤如下。

(1) 在触觉传感装置获取的图像中检测标记点。
(2) 求解不同帧之间各个标记点的位移量。
(3) 根据标记点的位移量求解三维受力。

9.3 多模态触觉感知算法

9.3.1 纹理感知算法

对多模态触觉传感装置而言,在碰触物品后分析物品的属性是其非常重要的功能之一,为机械手实现精细操作提供视觉无法得到的精确感知。但考虑到实际采集过程中触觉传感装置本身的噪声与干扰,采集的纹理图像往往存在失焦情况,因此,在纹理属性识别之前需要完成纹理图像预处理;另外,基于纹理本身的模式属性,普通的卷积神经网络(ResNet 等)往往只能提取图低层与高层语义信息,很难全方位地提取精细纹理这类仅包含细节纹路的图像。因此,本节使用字典学习方法实现纹理属性识别。

1) 纹理图像预处理

考虑到触觉感知装置摄像头在捕获图像时的实际情况,装置所附带的弹性体为方形区域,当装置按压样品表面时发生弹性形变,将使得弹性体内表面各处在摄像头处成像的距离不同,从而在摄像头上成像时造成部分区域失焦现象如图 9.22 所示。在实验中,将传感器的焦距对在传感器中心位置按压后所处的物距处。因此,在选取测试数据样本时,选取原始数据的中心 224×224 像素区域作为样本纹理测试图像。

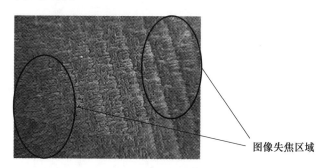

图 9.22 挤压织物样品时采集的失焦纹理图像

针对失焦情况,由于相机在此光路中等同于透镜与成像屏,可认为这一光学系统的本质是透镜成像,因而,成像过程可看作透镜对物像的傅里叶变换,适用傅里叶光学的分析方法。采用菲涅耳衍射推导得出的响应函数一定程度上默认了这一变换仅影响每个点的相位,而事实上由几何光学可知,后焦面上每个点当前的状态在焦点距离后将会影响它的邻域,从而响应函数应当是类似贝塞尔函数的形式。因此,在使用时假设焦点极小,从而忽略这一效应。

失焦图像在实际使用过程中,为模拟实际的样本失焦分布,实现数据增强,采用了在训练时在线增强的方法(图9.23)。对于每一个输入数据,产生一组随机数,在送入模型训练前对其进行一系列的随机增强,其内容包括以下几方面。

(1)仿射变换。在选取区域的坐标、尺度和旋转角度等参数上加上随机扰动。

(2)点变换。考虑到LED光源和环境光的影响,对数据的亮度和对比度作随机扰动。

(3)失焦模拟。由于在实际使用中摄像头可能出现失焦现象,在训练数据中有必要加入失焦模拟以符合实际情况的数据分布。

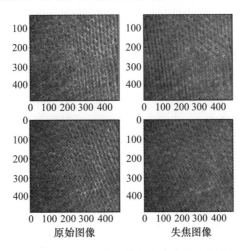

图9.23 原始图像与模拟的失焦纹理图像

2)纹理编码模型

传统的纹理材质识别流程中,往往是首先对输入的图片提取图像特征,然后通过非监督的字典学习方法得到特征的编码结果,最后使用分类器完成分类过程,该过程存在两个问题:针对任意大小的纹理图像,编码器可以将其转化成一个固定大小的表征向量;特征本身是域无关的,但是字典编码过程却是域相关的。随着深度神经网络的广泛应用,Cimpoi等(2015)采用了预训练的神经网络的卷积层提取深度特征,并使用FisherVector编码器,刷新了当时最好的结果。但是这个方法存在一个较大的局限性,即纹理识别过程的各个模块需要分步优化,其中的特性提取(卷积层)、字典学习、编码器不能从训练数据中得到进一步的优化。因此,采用残差编码模型(Residual Encoding Layer),将特征提取、字典学习与编码整合在同一个卷积神经网络(CNN)中,从而实现了端到端纹理识别网络的学习优化。残差编码模型的流程示意图如图 9.24 所示。

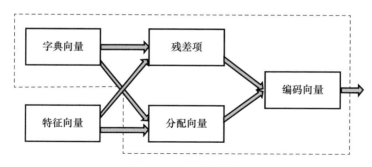

图 9.24 残差编码模型

在给定特征向量 $\boldsymbol{x} = \{x_1, x_2, \cdots, x_d\}, \boldsymbol{x} \in \mathbf{R}^d$,其中特征向量的维度为 d 以及码书 $\boldsymbol{c} = \{c_1, c_2, \cdots, c_K\}$,包含 K 个码字时,存在编码向量 e_k 可对应于

$$e_k = \sum_{i=1}^d e_{ik} = \sum_{i=1}^d a_{ik} \boldsymbol{r}_{ik} \qquad (9-1)$$

式中:$\boldsymbol{r}_{ik} = \boldsymbol{x}_i - \boldsymbol{c}_k$ 为残差向量,编码器结果为固定长度 K 的表征向量 $\boldsymbol{E} = \{e_1, e_2, \cdots, e_K\}$。残差向量权重 $\boldsymbol{a}_{ik}$ 可考虑两种给予分配向量的分配方法:当分配值 $\boldsymbol{a}_{ik} = 1(\|\boldsymbol{r}_{ik}\|^2 = \min\{\|\boldsymbol{r}_{i1}\|^2, \|\boldsymbol{r}_{i2}\|^2, \cdots, \|\boldsymbol{r}_{iK}\|^2\})$时,有

$$\boldsymbol{a}_{ik} = \frac{\exp(-\beta * \|\boldsymbol{r}_{ik}\|)}{\sum_{j=1}^K \exp(-\beta * \|\boldsymbol{r}_{ij}\|)} \qquad (9-2)$$

式中:β 为分配系数,称该权重 $\boldsymbol{a}_{ik}$ 分配方式为硬分配(Hard Assignment);当允许给予每个聚类中心 c_k 一个平滑系数 s_k 时,有

$$\boldsymbol{a}_{ik} = \frac{\exp(-s_k * \|\boldsymbol{r}_{ik}\|)}{\sum_{j=1}^K \exp(-s_j * \|\boldsymbol{r}_{ij}\|)} \qquad (9-3)$$

式中:权重 $\boldsymbol{a}_{ik}$ 分配方式为软分配(Soft Assignment)。下一步将构建 L2 - norm 归一化损失函数实现残差编码层的训练。

将残差编码层作为纹理编码模型,使得整个网络模型可导,从而可以像已有的深度神经网络层一样,从分类损失函数中更新网络参数,以此实现了监督式字典学习。该模型有很多特性,如 CNN 网络可以接受任意大小的纹理图像,同时,因为字典学习与编码器携带域信息,使得学习的深度特征很容易应用到其他域中。

3) 端到端纹理识别网络

在上一节介绍的纹理编码模型的基础上,本节设计一个端到端的纹理识别网络如图 9.25 所示。

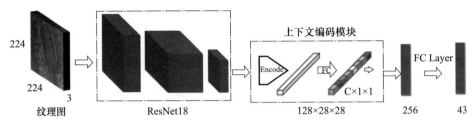

图 9.25 端到端纹理识别网络

此端到端纹理识别网络由三部分构成:特征提取网络 ResNet、残差编码层 Encoding – Layer、分类器 MLP。其中在特征提取部分,考虑到实验中采集的纹理图像的数量级,采用 ResNet – 18 轻量级的卷积神经网络的前 5 层,残差编码层提供端到端的字典学习方法,最后采用目前通用的可训练的 MLP 多层感知器构建分类器,搭建纹理识别网络。网络的训练中采用分类问题中常用的交叉熵定义损失函数 Cross – Entropy Loss:

$$-\sum_{c=1}^{M} y\log p_c \tag{9-4}$$

式中:y 为分类正确与否的二值,0 代表分类错误,1 代表分类正确;p_c 代表预测第 c 类中的概率观测值,通常为 Softmax 函数的输出,取值在 $[0,1]$ 之间的连续值,并且

$$p_c = f(s_c) = \frac{\exp(s_c)}{\sum_j \exp(s_j)} \tag{9-5}$$

式中:s_c 为网络最后一层(Softmax 前一层)第 c 个神经元的输出。

4)实验结果与分析

在纹理识别实验中,将采集的 8600 个实验样本随机切分成 80% 训练集和 20% 的测试集,设定总共 100 次迭代训练纹理识别网络。从图 9.26 的训练曲线中可以看出,当训练到 30 步时,训练集上的分类准确度已经达到了 99%。以此

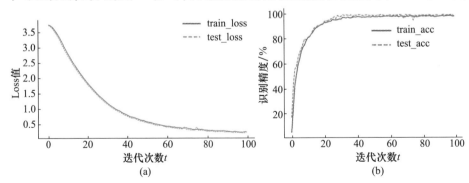

图 9.26 网络训练过程中 Loss 下降曲线与训练过程中训练集和测试集的识别精度上升曲线
(a)训练集与测试集的 Loss 值下降曲线;(b)训练集与测试集的识别精度曲线。

验证了采用的纹理分类网络可以得到很好的纹理材质识别率。图 9.27 为网络训练到 37 步与 100 步时分类混淆矩阵。

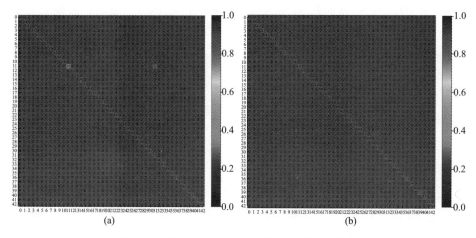

图 9.27　测试集上的分类混淆矩阵可视化结果图

（a）第 37 步时测试集的分类混淆矩阵；（b）第 100 步时测试集上分类的混淆矩阵。

为了进一步验证本节中纹理识别网络的有效性，同样在传统的纹理识别算法与传统的纹理数据集上进行比较对比实验，实验定量结果如表 9.5 所列。

表 9.5　两种纹理数据集在不同算法上的分类准确度

算法	MINC-2500	织物纹理数据集
FV-SIFT	46.0%	51.0%
FV-CNN	61.8%	73.2%
Ours	80.6%	99.5%

9.3.2　温度感知算法

温度感知采用模板匹配算法，实现物体表面温度区间识别问题。算法主要包括温感图像的直方图表征、基于概率分布 KL 散度的最近邻匹配算法以及实验结果分析。

对任何一张 RGB 图像的表征方法很多，如卷积神经网络等是目前较成熟的方法，但需要大量的数据通过无监督或者有监督的学习表征过程。对于有明显色调变化的温感图像而言，颜色直方图即可表征其色调结果，对于一张温感图像 I，提取其 RGB 3 个颜色通道的直方图结果 I_r、I_g、I_b。为了方便后续基于概率的度量测度方法，需要将直方图做归一化处理，考虑温感图像 I 大小为 640×480，因此，只需要对原始直方图的统计结果除以 640×480 得到 $\hat{I}_x$，即可表示成积分为 1

的概率方式。因此,每张温感图像 I 可以表示为
$$I = [\hat{I}_r, \hat{I}_g, \hat{I}_b]/3 \qquad (9-6)$$

如图 9.28 所示,分别表示冷、凉、常温、热 4 种温感的三通道直方图表征结果,其中红色表示 R 通道,绿色表示 G 通道,蓝色表示 B 通道。

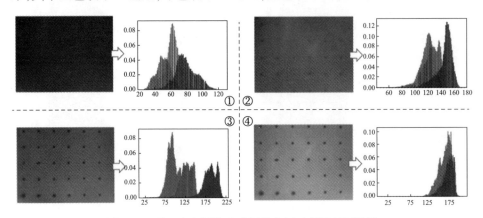

图 9.28 基于直方图的温感图像表征示意图(见彩插)

进一步结合概率论上广泛使用的测度方式——KL 散度度量温感区间。首先,针对已知温感的温感图像做均值化处理得到每种温感区间的聚类中心。实验中每种温感区间采用 50 张图像,根据直方图表示方法得到每个样本的概率分布。进一步对这 50 个样本的概率分布做均值化处理,得到每种温感区间的中心概率分布,作为最近邻匹配算法的中心位置。

对于 p、q 两个概率分布,基于概率的 KL 散度可形式化为
$$D_{\mathrm{KL}}(p,q) = E_q(\log p) \qquad (9-7)$$

可得到两种概率分布 p、q 的"距离",基于此距离度量方法,可以采用机器学习里面的 KNN 算法得到给定分布到 4 种分布的距离排序关系。最后选择最近的一种中心温感类别作为该分布对于温感图像的温感类别。基于 KL 散度的温感图像最近邻匹配过程如图 9.29 所示。

实验中针对每种温感图像均采集 100 张温感图像,并随机选取 50 张温感图像通过温感图像表征方法得到对应的温感概率分布表示结果,并平均化得到其中心表征的概率分布。将得到的每种中心表征结果作为聚类中心,最后通过 KNN 最近邻匹配方法。将每种温感图像的剩余 50 张作为测试集,计算其分类的准确率。由图 9.30 所示的混淆矩阵可以看出,该方法能有效识别 4 种不同温度。

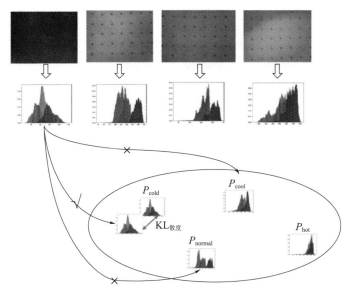

图 9.29 基于 KL 散度的温感图像匹配过程

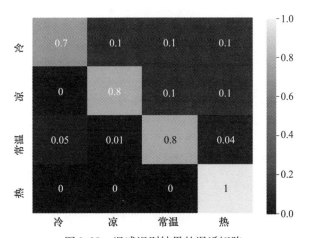

图 9.30 温感识别结果的混淆矩阵

9.3.3 三维力感知算法

1)标记点检测

为快速、有效地检测标记点,使用经典的连通域求质心法。检测触觉传感装置获取的图像中标记点的步骤是:首先,将图像转化为灰度图像;然后,对该灰度图像进行二值化、腐蚀及膨胀等图像处理,获得明显的标记点图像;最后,进行连通域求质心方法检测标记点位置。整体结果流程图如图 9.31 所示。

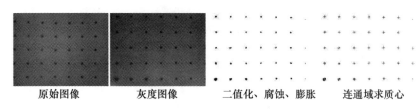

| 原始图像 | 灰度图像 | 二值化、腐蚀、膨胀 | 连通域求质心 |

图 9.31 标记点检测过程结果

2) 标记点位移

设标记点在 xy 平面内的位移 Δx 与 Δy 相互独立,$(\Delta x, \Delta y)$ 与标记点的某像素 (u, v) 的关系为

$$\Delta x = f_1(u, v) \tag{9-8}$$
$$\Delta y = f_2(u, v) \tag{9-9}$$

假设 $F_{ij}(0 \leqslant i \leqslant n, 0 \leqslant j \leqslant m)$ 为矩形区域 $D:[a,b] \times [c,d]$ 上的函数,其中

$$a = x_0 < x_1 < \cdots < x_n = b \quad c = y_0 < y_1 < \cdots < y_m = d \tag{9-10}$$

矩形网格 $[x_i, x_j] \times [x_{i+1}, y_{j+1}]$ 中由 (x_i, y_j) 到 (x_{i+1}, y_{j+1}) 的连线将矩形网格分成 I_{ij} 和 II_{ij},如图 9.32 所示。

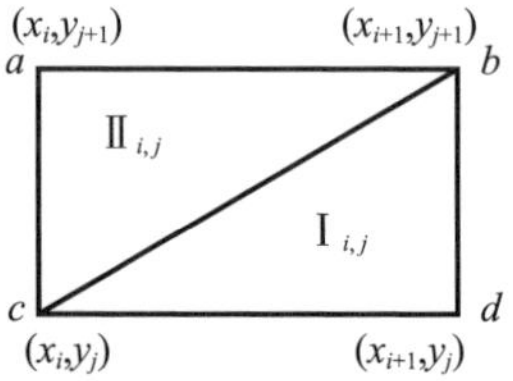

令 $h_{i+1} = x_{i+1} - x_i, k_{i+1} = y_{i+1} - y_i, u = \dfrac{x - x_i}{h_{i+1}}, v = \dfrac{y - y_i}{k_{j+1}}, S_{\lambda,\mu}(i,j) = S_{x\lambda y\mu}(x_i, y_j)$,则 $F(x, y)$ 的二元三次插值样条函数为

图 9.32 矩形网格图

$$S(x, y) = \begin{cases} F_{i,j}(1-u) + F_{i+1,j}(u-v) + F_{i+1,j+1}v - \dfrac{1}{6}h_{i+1}^2[S_{20}(i,j)(2u - 3u^2 + u^3) \\ + S_{20}(i+1,j)(u - u^3)] - \dfrac{1}{6}k_{j+1}^2[S_{02}(i+1,j)(2v - 3v^2 + v^3) \\ + S_{02}(i+1,j+1)(v - v^3)] - \dfrac{1}{2}h_{i+1}k_{i+1}[S_{11}^{\mathrm{I}_{i,j}}(i,j)(1-u)^2v \\ + S_{11}^{\mathrm{I}_{i,j}}(i+1,j)(1-u)v(1+u-v) + S_{11}^{\mathrm{I}_{i,j}}(i+1,j+1)(1-u)v^2] \quad (x,y) \in \mathrm{I}_{i,j} \\ F_{i,j}(1-v) + F_{i+1,j}(v-u) + F_{i+1,j+1}u - \dfrac{1}{6}k_{j+1}^2[S_{02}(i,j)(2v - 3v^2 + v^3) \\ + S_{02}(i,j+1)(v - v^3)] - \dfrac{1}{6}h_{i+1}^2[S_{20}(i,j+1)(2u - 3u^2 + u^3) \\ + S_{20}(i+1,j+1)(u - u^3)] - \dfrac{1}{2}h_{i+1}k_{i+1}[S_{11}^{\mathrm{II}_{i,j}}(i,j)(1-v)^2u \\ + S_{11}^{\mathrm{II}_{i,j}}(i,j+1)(1-v)u(1+v-u) + S_{11}^{\mathrm{II}_{i,j}}(i+1,j+1)(1-v)u^2] \quad (x,y) \in \mathrm{II}_{i,j} \end{cases}$$
$$\tag{9-11}$$

式中: $S_{11}^{\mathrm{I}_{i,j}}$、$S_{11}^{\mathrm{II}_{i,j}}$ 分别表示 I_{ij} 和 II_{ij} 上的混合偏导数。

利用前面讲到的连通域求质心方法检测到标记点位置后,前后两帧图像的标记点位置差即为标记点的位移。首先,根据检测后的标记点划分矩形网格,并计算网格节点在 x、y 方向的位移;然后,对矩形网格的 x、y 方向的位移进行二元三次样条插值;最后,根据这些位移求出总位移及方向,结果如图9.33、图9.34所示。

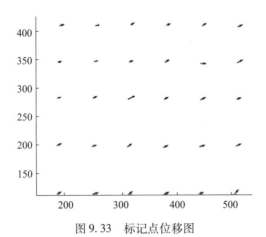

图9.33　标记点位移图

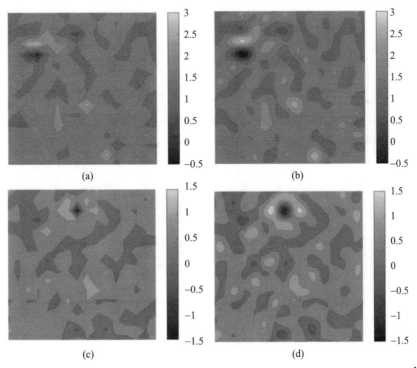

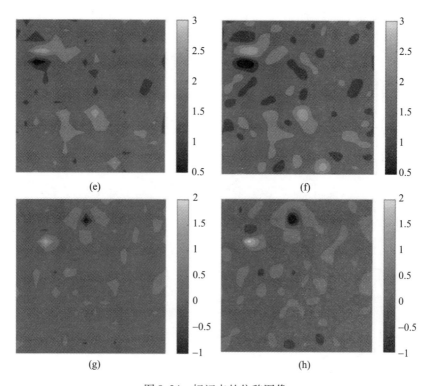

图 9.34 标记点的位移图像

(a)x方向位移;(b)x方向插值位移;(c)y方向位移;(d)y方向插值位移;
(e)总位移;(f)总插值位移;(g)位移方向;(h)插值后的位移方向。

3)三维受力求解

考虑到标记点的位移相互耦合,设计神经网络方法将标记点位移拟合为三维接触力,如图 9.35 所示,通过神经元的输入输出关系来形成非线性映射关系。

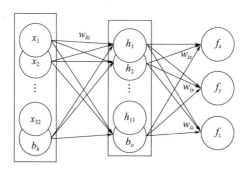

图 9.35 神经网络算法

使用 BP 神经网络拟合力与位移的关系

$$hI_i = \sum_{k=1}^{32}(x_k\omega_{ki}^1) - b_{hi} \quad (i=1,2,\cdots,n)$$

$$hO_i = f(hI_i) = \frac{1}{1+e^{-\alpha \cdot hI_i}} \quad (i=1,2,\cdots,n) \quad (9-12)$$

式中:$(x_1,x_2,\cdots,x_{32})$ 是 4×4 标记点 (x,y) 平面的位移向量;ω_{1ki} 是连接输入层第 k 个和隐含层第 i 个神经元的权值;b_{hi} 是隐含层第 i 个神经元输入偏置;$f(hI_i)$ 是 Sigmoid 函数。上述样本训练集的随机样本计算出来 α 值。$f(hI_i)$ 和 $f(hO_i)$ 是三层神经网络隐含层的输入与输出。输出是 3 维合力。

三层神经网络隐藏层与输出层之间的映射关系为

$$\hat{f}_x = f(\sum_{i=1}^{n}(hO_i\omega_{ix}^2) - b_x)$$

$$\hat{f}_y = f(\sum_{i=1}^{n}(hO_i\omega_{iy}^2) - b_y)$$

$$\hat{f}_z = f(\sum_{i=1}^{n}(hO_i\omega_{iz}^2) - b_z) \quad (9-13)$$

式中:$\hat{f}_x$、$\hat{f}_y$、$\hat{f}_z$ 是力分量的预测值;ω_{ix}^2 是隐含层第 i 个神经元和输出层第 x 个神经元的连接权值;b_x 是隐含层 x 神经元的输入偏置。其他变量使用相同的规则。

神经网络的任何优化过程都是用已有样本求解参数的过程。在这个过程中,将设定一个优化的目标函数。目标函数的设定会影响网络训练的收敛与收敛速度。同时,为了避免过拟合,尤其在灵巧手抓取实验场景,灵巧手的运动姿态被限制在一个特定的运动姿态集中。采样传感器的灵巧手端的数据具有很强的稀缺性,因此,利用样本训练神经网络时很有可能发生过度拟合现象。为了避免过度拟合,在目标函数中添加了一个网络参数项规范,目标函数如下:

$$e = \frac{1}{2}(\hat{f}_x-f_x)^2 + \frac{1}{2}(\hat{f}_y-f_y)^2 + \frac{1}{2}(\hat{f}_z-f_z)^2 + \beta\|\omega\|^2 \quad (9-14)$$

式中:$\hat{f}_x$、$\hat{f}_y$、$\hat{f}_z$ 是力分量的预测值;f_x、f_y、f_z 是力分量的实际值。

在训练过程中,随机初始化连接权值 w 和输入偏置 b。通过 bp 算法最小化目标函数。如果目标函数 $e<\varepsilon$(预先设定的错误限制为 0.00001),或者训练时间超过预先设定的最大训练时间 m,记录三层神经网络的连接权值和输入偏置,得到并结束训练;否则,将继续按照式(9-12)迭代。

用标定平台对实验样品进行了取样。标本包括摄像机实时采集的图像和力传感器采集的三维力。将数据集分为三个部分,包括训练集、验证集和测试集。通过训练可以产生迭代的映射函数式(9-13),其中连接权值 w 和输入偏置 b

已经在训练过程中得到。因此,式(9-13)成为拟合方程。从图 9.36 可以看到,神经网络回归算法得到的测量误差在 0.05N 范围内,可满足灵巧手操作的需求。

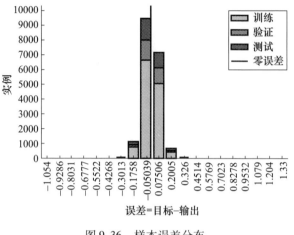

图 9.36　样本误差分布

9.4　机器人多模态感知的操作验证

在真实环境中的精细操作能力是检验机器人智能程度的重要指标之一,如何提高机器人的精细操作能力是机器人行业亟待解决的重要问题。机器人在实际环境中的重要操作因素包括目标位置定位、合理的路径规划以及物体在手中的姿态。随着深度学习技术的发展,目标位置定位及合理的路径规划已有突破性的成果,但由于机器人操作期间不可避免的视觉遮挡和较少的触觉信息,导致机器人操作过程中物体在机械手内精确姿态的获取仍存在很大的挑战。

9.4.1　机器人精细装配操作实验

机器人精细装配操作实验流程如图 9.37 所示。首先,安装有触觉传感装置的机械手在抓取装配体时,触觉传感装置内的摄像机可捕获到装配样本的纹理图像;该图像被传输到计算机终端进行一系列的图像处理输出装配样本在机械手内的位姿;根据装配体在机械手内的位姿角度值,旋转机械臂末端相应的角度值;保持机械臂末端方向不变,移动机械臂到装配体相应位置;控制机械臂末端垂直向下运动到距离装配体 0.2cm 处,张开机械手,完成装配。

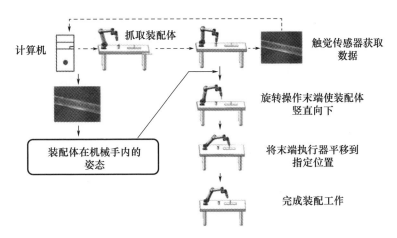

图9.37　基于设计装置的机器人精细插孔实验流程图

1）机器人掌内物体姿态检测

基于视觉的触觉感知装置的机器人手内物体姿态检测原理是：安装有该触觉感知装置的机器人手在抓取物体时，可获得二指手内物体清晰的形态图像，如图9.38所示。通过处理该形态图像内物体的角度便可获得物体在机械手内的精确姿态，使用的处理方法流程图如图9.39所示。由装置捕获的原始图像经过图像预处理、图像二值化、Canny边缘检测以及模板匹配方法处理后，输出装配体在机械手内的位姿。

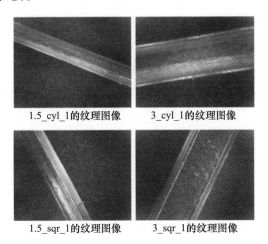

图9.38　利用设计的触觉感知装置获取的物体在机械手内的形态图

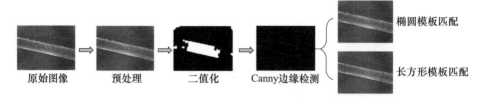

图 9.39　装配体位姿处理方法流程图

2）机器人精细装配样本及装配体

机器人精细插孔操作的实验平台采用的是 9.2 节中介绍的数据采集平台，选用的装配体和装配样品如图 9.40 所示，其中，左图中的圆圈区域为机器人精细插孔操作的具体装配位置，是直径为 5mm 的圆柱体；右图中的装配样品为两个长方体块和两个圆柱块，从上到下依次是：长、宽均为 1.5mm、高为 150mm 的长方体（命名为 1.5_sqr_x，x 表示样品被抓次数）；直径为 1.5mm、高为 300mm 的圆柱体（命名为 1.5_cyl_x，x 表示样品被抓次数）；长、宽均为 3mm、高为 300mm 的长方体（命名为 3_sqr_x，x 表示样品被抓次数）；直径为 3mm、高为 300mm 的圆柱体（命名为 3_cyl_x，x 表示样品被抓次数）。

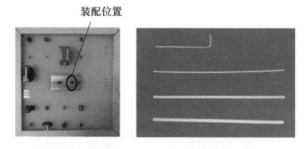

图 9.40　装配体和装配样品图

3）机器人精细装配实验结果

在实验中，为每个装配样本采集了 50 张纹理图像，并对每张图像进行了姿态检测。图 9.41 为随机抽取的 10 幅图像的姿态检测过程图，其姿态检测结果列于表 9.6 中。由图 9.41 可以看出，一些图像采用矩形轮廓匹配方法得到的姿态检测效果更好，而有些图像采用椭圆轮廓匹配方法姿态检测误差更小。在表 9.6 中可以看出，两种方法测量的姿态值与实际值之间的误差都不大，将两种方法获得的姿态值的平均值作为装配样品在机械手内的姿势值。表 9.6 中随机抽取的 10 幅图像的姿态检测平均误差最大为 6.08°，最小平均误差为 0.24°。表 9.7 为利用设计的触觉传感装置测量 4 个装配样本（每个装配样本 50 张纹理图像)在机械手内的姿态误差值的平均值,可以看出,当使用两种匹配算法时,4 种装配样本的姿态检测平均误差均低于 0.5°,满足机器人精细装配的要求。然后,在真实环境中进行了机器人精细装配操作实验验证,操作过程如图 9.42 所示。该实验共进行了 30 次,成功装配 28 次,失败 2 次。

表 9.6 是随机抽取的 10 幅图像的姿态检测结果

物体名称	椭圆匹配	长方形匹配	标准值	椭圆_误差	长方形_误差	平均误差
1.5_sqr_0	-45.17°	-51.61°	-43.20°	-1.97°	-8.41°	-5.91°
1.5_sqr_1	-12.98°	-12.70°	-12.10°	-0.88°	-0.60°	-0.74°
1.5_sqr_2	83.06°	86.42°	80.30°	2.76°	6.12°	4.44°
1.5_sqr_3	13.07°	12.04°	12.00°	1.07°	0.04°	0.55°
1.5_cyl_0	63.13°	63.18°	63.00°	0.13°	0.18°	0.155°
1.5_cyl_1	11.91°	10.06°	10.80°	1.11°	-0.74°	0.185°
3_cyl_0	31.69°	28.67°	28.20°	3.49°	0.47°	1.98°
3_cyl_1	-83.56°	-83.87°	-83.30°	-0.26°	-0.57°	-0.41°
3_sqr_0	65.37°	64.12°	64.50°	0.87°	-0.38°	0.24°
3_sqr_1	12.17°	1.12°	0.56°	11.61°	0.56°	6.08°

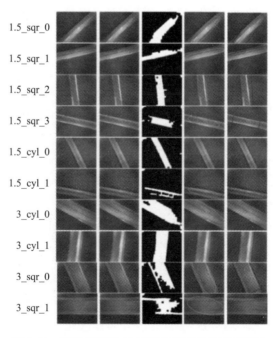

图 9.41 随机抽取的 10 幅图像的姿态检测过程图

表 9.7 平均误差表

名称	1.5_sqr	1.5_cyl	3_sqr	3_cyl
平均误差	0.42°	0.23°	0.47°	0.39°

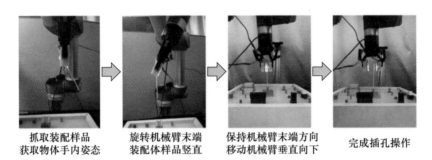

图 9.42　精细装配操作实验图

9.4.2　多模态信息感知操作

本节将介绍机器人多模态信息感知操作实验。此实验中感知的多模态信息包括物体的纹理及温度信息，其中纹理信息为高分辨率的图像，温度信息为纹理图像中标记点的颜色。图 9.43 所示为该多模态触觉传感装置在不同温度环境中静止状态下捕获的弹性体上表面图像，其中，标记点层为感温变色层，附着层为金属铜溅射层。

图 9.43　感温变色标记点颜色变化图

1) 多模态感知操作实验算法

本节共开展了两组多模态感知操作验证实验,采用了同一的算法结构,如图 9.44 所示,而后根据操作物体的纹理、温度产生相应的操作决策。当装配有多模态触觉传感装置的机械手抓取物体时,会获得含有操作物纹理、温度信息的图像,即为图中的原始图。一方面,将该原始图像送入纹理识别网络进行纹理识别;另一方面,采用霍夫变化圆检测方法定位感温变色标记点的位置,进一步选取定位标记点区域。使用温感匹配算法完成操作物的温度感知。最后,机器人根据纹理识别与温度感知结果进行相应的操作。

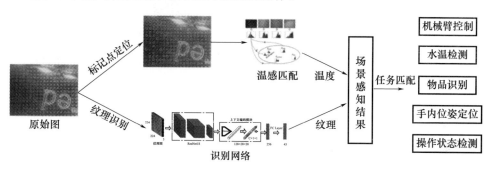

图 9.44 算法流程图

2) 多模态感知操作实验流程

多模态感知操作实验一的流程如图 9.45 所示。首先,控制机器人依次触碰容器壁或抓取容器内的物体,感知各容器温度;然后,随机抓取一只工具,获取并识别工具手柄的纹理信息,确认工具的类别及该工具对应的操作物体;最后,控制机器人利用工具将操作物体放入该操作物需要的温度的容器中;机器人回归原位,结束操作。

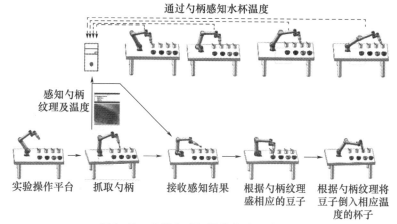

图 9.45 多模态感知操作实验一流程图

多模态感知操作实验二的设计任务为将不同布料的毛巾放入相应温度的容器中。首先,控制机器人依次触碰容器壁或容器内物体,感知各容器温度;然后,控制机器人随机抓取一块毛巾,获取并识别毛巾的纹理图像,确定毛巾类别;最后,根据毛巾的类别感知结果,将毛巾放入相应温度的容器里。

3) 多模态感知操作实验样品

多模态感知操作实验一的实验样品如图9.46~图9.48所示。图9.46为分别印有"red,green,black,yellow"英文的勺具,机器人可通过感知勺柄的英文纹理识别勺具类别。图9.47为4个装有不同温度盐水的水杯,这4个水杯的盐水温度分别处于触觉传感装置可感知的4个温度区间内。图9.48为装有4种不同豆类的4个容器,这4种豆类与勺具一一对应,分别为 red—红豆、green—绿豆、black—黑豆、yellow—黄豆。

图9.46　勺柄印有英文文字的勺具

多模态感知操作实验二的实验样品如图9.49和图9.50所示。其中,图9.49为4种具有不同纹理、不同布料材质的毛巾。图9.50为装有不同温度盐水的玻璃容器,该水温与盐水浓度与多模态感知操作实验一中的盐水相似。

图9.47　装有不同温度盐水的水杯

图9.48　操作豆类用品:绿豆、黑豆、黄豆、红豆(从左往右)

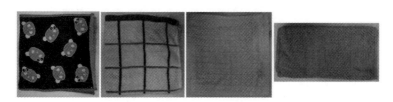

图 9.49　具有不同纹理、不同布料材质的毛巾

图 9.50　装有不同温度盐水的容器

4）多模态感知操作实验结果

本节基于多模态触觉传感装置完成舀豆子与清洗毛巾两类实验。为验证多模态感知传感的有效性，同样实验条件下增加两类单模态触觉传感装置的实验，包括仅有感温附着层的触觉传感装置、仅有金属溅射附着层的触觉传感装置及多模态感知的触觉传感装置。三者均采用相同的多模态感知算法。对于舀豆子实验，成功将正确种类的豆类舀到合适水温水杯认定为正确且成功操作过程，舀错豆子类别或者放入错误的水温均为不正确操作；对于清洗毛巾实验，夹取的毛巾根据获取的触觉纹理图像识别毛巾种类，并通过触碰清洗盆壁感知水温的方式只是水温感知。同理，只有将正确种类的毛巾放入正确的水温清洗盆下才能认定为一次正确且成功的实验，否则为不成功实验。

对于舀豆子实验中由于感知的勺柄纹理跟采集织物纹理差别过大，所以导致识别勺子上标记的豆子种类错误率较大。在单模态传感器上，金属导热效果较好，因此对于仅有温度感知的触觉传感装置完成的实验也能有较好的成功率（21%），反而仅有纹理感知的触觉传感装置很难完成对应实验（9%）。多模态传感装置由于温感通过标记点感知，其抓取物品颜色带来的噪声往往更小，温感效果会更好，因此操作成功率更高。

对于清洗毛巾实验，其纹理识别会更加准确，因此基于纹理感知的触觉传感装置与多模态感知的触觉传感装置的操作成功率会高于仅有温度感知的触觉传感装置的结果。表 9.8 中给出了针对每组实验完成 100 次的实验成功次数统计。图 9.51 给出对应的直方图统计图。图 9.52 所示为实际操作过程。

表 9.8 两组实验在单模态与多模态触觉传感装置下的实验成功次数统计

	仅温度感知的触觉传感装置	仅纹理感知的触觉传感装置	多模态感知的触觉传感装置
舀豆子实验	21/100	9/100	63/100
清洗毛巾实验	4/100	51/100	78/100

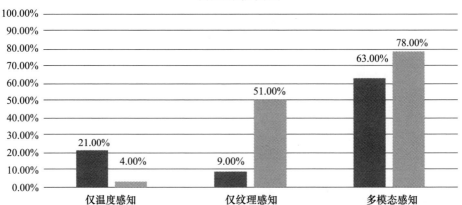

图 9.51 两组实验的操作成功概率统计

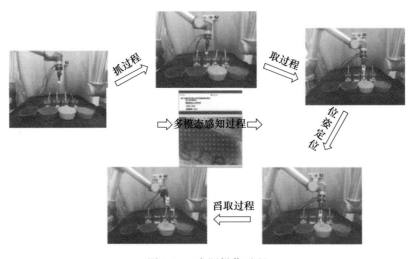

图 9.52 实际操作过程

本章提出了一种由视觉表征触觉的视触觉类传感器,详细介绍了基本原理、设计及制备过程。针对弹性体变形过程中标记点的运动,提出了三维力检测算法,结合接触表面图像设计了纹理识别算法,通过颜色特征识别实现了温度的感知。最后,通过多模态感知操作实验验证了该类传感器的优越性能。

参 考 文 献

顾春欣,2019. 柔性触觉传感阵列设计及其接触信息反解方法研究[D/OL]. 杭州:浙江大学.
郭园,等,2020. 融合多元触觉和沉浸式视觉的可移植 VR 软件框架[J]. 系统仿真学报,32(7):1385-1392.
何聪艳,2011a. 基于视触觉模态评价织物柔软性的感知觉特性[D/OL]. 上海:东华大学.
林苗,2012. 视触同步和注意分配在空间稳定性中的作用[D/OL]. 杭州:浙江大学.
栾贻福,2005a. 客体位置判断的视触关联研究[D/OL]. 杭州:浙江大学.
马蕊,等,2015a. 基于触觉序列的物体分类[J]. 智能系统学报,10(3):362-368.
宋爱国,2020. 机器人触觉传感器发展概述[J]. 测控技术,39(5):2-8.
宋瑞,等,2019. 机械振动对平面触觉感知特性的影响[J]. 北京航空航天大学学报,46(2):379-387.
孙富春,等,2019. A novel multi-modal tactile sensor design using thermo chromic material. Science China Information Science,62(11):214201:1-214201:3.
陶镛汀,等,2015a. 果蔬表面粗糙度特性检测触觉传感器设计与试验[J]. 农业机械学报,46(11):16-21.
吴涓,等,2013. 一种基于实际测量的纹理力触觉表达方法[J]. 系统仿真学报,25(11):2630-2637.
萧伟,等,2013a. 机器人灵巧手的触觉分析与建模[J]. 机器人,35(4):394-401.
於文苑,等,2019. 触觉二维图像识别的认知机制[J]. 心理科学进展,27(4):611-622.
占洁,等,2013. 触觉感知时视皮质跨模态激活的 fMRI 研究进展[J]. 国际医学放射学杂志,2013,36(6):525-527+532.
张景,等,2020. 仿生触觉传感器研究进展[J]. 中国科学:技术科学,2020,50(1):1-16.
朱树平,2012. 基于滑觉检测的农业机器人果蔬抓取研究[D/OL]. 南京:南京农业大学.
ALLEN P,1988a. Integrating vision and touch for object recognition tasks[J]. The International Journal of Robotics Research,7(6):15-33.
ALLEN P,ROBERTS K,1989a. Haptic object recognition using a multi-fingered dexterous hand[C]// IEEE International Conference on Robotics and Automation,May 14-19,Scottsdale,Arizona,USA. IEEE:342-347.
ANSELMI F,LEIBO J Z,ROSASCO L,et al 2015a. Unsupervised learning of invariant representations[J]. Theoretical Computer Science,633:112-121.
BAQER I A,2014. A novel fingertip design for slip detection under dynamic load conditions[J]. Journal of Mechanisms and Robotics,6(3):16-21.
BEAUCHAMP M S,2005a. See me,hear me,touch me:multisensory integration in lateral occipital-temporal cortex.[J]. Current Opinion in Neurobiology,15(2):145-153.
BEKIROGLU Y,DETRY R,KRAGIC D,2011b. Learning tactile characterizations of object-and pose-specific grasps[C]// IEEE/RSJ International Conference on Intelligent Robots and Systems,September 25-30,San Francisco,CA,USA. IEEE:1554-1560.
BEKIROGLU Y,LAAKSONEN J,JORGENSEN J A,2011a. Assessing grasp stability based on learning and haptic data[J]. IEEE Transactions on Robotics,27(3):616-629.

BHATTACHARJEE T, SHENOI A A, PARK D, et al, 2015a. Combining tactile sensing and vision for rapid haptic mapping[C]// IEEE/RSJ International Conference on Intelligent Robots and Systems, September 28 – October 2, Hamburg, Germany. IEEE: 1200 – 1207.

BICCHI A, SCILINGO E P, RICCIARDI E, et al, 2008a. Tactile flow explains haptic counterparts of common visual illusions[J]. Brain Research Bulletin, 75(6): 737 – 741.

BJORKMAN M, BEKIROGLU Y, HOGMAN V, et al, 2013a. Enhancing visual perception of shape through tactile glances[C]//IEEE/RSJ International Conference on Intelligent Robots and Systems, November 3 – 7, Tokyo, Japan. IEEE: 3180 – 3186.

BOSHRA M, ZHANG H, 2000a. Localizing a polyhedral object in a robot hand by integrating visual and tactile data[J]. Pattern Recognition, 33(3): 483 – 501.

CALANDRA R, OWENS A, UPADHYAYA M, et al, 2017. The feeling of success: does touch sensing help predict grasp out comes? [OL]. arXiv preprint arXiv: 1710. 05512.

CAVALLO A, MARIA GD, NATALE C, et al, 2014. Slipping detection and avoidance based on Kalman filter[J]. Mechatronics, 24(5): 489 – 499.

CHATHURANGA D S, WANG Z, NOH Y, et al, 2015a. Robust real time material classification algorithm using soft three axis tactile sensor: evaluation of the algorithm[C]// IEEE/RSJ International Conference on Intelligent Robots and Systems, September 28 – October 2, Hamburg, Germany. IEEE: 2093 – 2098.

CHITTA S, STURM J, PICCOLI M, et al, 2011a. Tactile sensing for mobile manipulation[J]. IEEE Transactions on Robotics, 27(3): 558 – 568.

CHU V, MCMAHON I, RIANO L, et al, 2014a. Robotic learning of haptic adjectives through physical interaction[J]. Robotics and Autonomous Systems, 63: 279 – 292.

CIMPOI, MIRCEA, SUBHRANSU MAJI, et al, 2015. Deep filter banks for texture recognition and segmentation [C]// IEEE Conference on Computer Vision and Pattern Recognition, June 7 – 12, Boston, MA, USA. IEEE: 3828 – 3836.

CORRADI T, HALL P, IRAVANI P, 2015a. Bayesian tactile object recognition: learning and recognizing objects using a new inexpensive tactile sensor[C]// IEEE International Conference on Robotics and Automation, May 26 – 30, Seattle, WA, USA. IEEE: 3909 – 3914.

COTTON D P J, CHAPPELL P H, CRANNY A, et al, 2007. A novel thick – film piezoelectric slip sensor for a prosthetic hand[J]. IEEE Sensors Journal, 7(5): 752 – 761.

CULBERTSON H, LOPEZ D, JUAN J, et al, 2014a. The Penn haptic texture toolkit for modeling, rendering, and evaluating haptic virtual textures[J]. Technical Report.

DALLAIRE P, GIGUèRE P, EMOND D, et al, 2014a. Autonomous tactile perception: A combined improved sensing and Bayesian nonparametric approach[J]. Robotics and autonomous systems, 62(4): 422 – 435.

DANG H, 2013. Stable and semantic robotic grasping using tactile feedback[M]. Columbia University.

DENEI S, MAIOLINO P, BAGLINI E, et al, 2015a. On the development of a tactile sensor for fabric manipulation and classification for industrial applications[C]// IEEE/RSJ International Conference on Intelligent Robots and Systems, September 28 – October 2, Hamburg, Germany. IEEE: 5081 – 5086.

DRIMUS A, KOOTSTRA G, BILBERG A, et al, 2014a. Design of a flexible tactile sensor for classification of rigid and deformable objects[J]. Robotics & Autonomous Systems, 62(1): 3 – 15.

ERNST M O, BANKS M S, 2002a. Humans integrate visual and haptic information in a statistically optimal fashion

[J]. Nature,415,429-433.

FUNABASHI S,MORIKUNI S,GEIER A,et al,2018. Object recognition through active sensing using a multi-fingered robot hand with 3d tactile sensors[C]// IEEE/RSJ International Conference on Intelligent Robots and Systems,October 1-5,Madrid,Spain. IEEE:2589-2595.

GAO Y,HENDRICKS L A,KUCHENBECKER K J,et al,2016a. Deep learning for tactile understanding from visual and haptic data[C]//IEEE International Conference Robotics and Automation,May 16-21,Stockholm,Sweden. IEEE:536-543.

GEMICI M C,SAXENA A,2014a. Learning haptic representation for manipulating deformable food objects[C]// IEEE/RSJ International Conference on Intelligent Robots and Systems,September 14-18,Chicago,IL,USA. IEEE:638-645.

GOGULSKI J,BOLDT R,SAVOLAINEN P,et al,2013a. A segregated neural pathway for prefrontal top-down control of tactile discrimination[J]. Cerebral Cortex,25(1):161.

GOLDFEDER C,CIOCARLIE M,DANG H,et al,2009a. The Columbia grasp database[C]// IEEE International Conference on Robotics and Automation,May 12-17,Kobe,Japan. IEEE:1710-1716.

GORO OBINATA,ASHISH DUTTA,et al,2007. Vision based tactile sensor using transparent elastic fingertip for dexterous handling[C]// Mobile Robots:Perception & Navigation,Advanced Robotics Systems International and Pro Literature Verlag:137-148.

GULER P,BEKIROGLU Y,GRATAL X,et al,2014a. What's in the container? classifying object contents from vision and touch[C]// IEEE/RSJ International Conference on Intelligent Robots and Systems,September 14-18,Chicago,IL,USA. IEEE:3961-3968.

HELLER M A,1982a. Visual and tactual texture perception:intersensory cooperation[J]. Perception & Psychophysics,31(4):339-344.

HEYNEMAN B,CUTKOSKY M R,2012a. Biologically inspired tactile classification of object-hand and object-world interactions[C]// IEEE International Conference on Robotics and Biomimetics,December 11-14,Guangzhou,China. IEEE:167-173.

HO V,NAGATANI T,NODA A,et al,2012a. What can be inferred from a tactile arrayed sensor in-hand manipulation[C]// IEEE International Conference on Automation Science and Engineering,August 20-24,Seoul,Korea(South). IEEE:461-468.

HORN B K SCHUNCK B G,1981a. Determining Optical Flow[J]. Artificial Intelligence,17(1-3):185-203.

HUANG W,SUN F,CAO L,et al,2016a. Sparse coding with linear dynamical systems[C]// IEEE Conference on Computer Vision and Pattern Recognition,June 27-30,Las Vegas,NV,USA. IEEE:3938-3947.

ILONEN J,BOHG J,KYRKI V,2013a. Fusing visual and tactile sensing for 3-D object reconstruction while grasping [C]// IEEE International Conference on Robotics and Automation,May 6-10,Karlsruhe,Germany. IEEE:3547-3554.

ITO YUJI,KIM,YOUNGWOO,et al,2011. Robust slippage degree estimation based on reference update of vision-based tactile sensor[J]. Sensors,11(9):2037-2047.

IZATT G,MIRANO G,ADELSON E,et al,2017. Tracking objects with point clouds from vision and touch[C]// IEEE International Conference on Robotics and Automation,May 29-June 3,Singapore,IEEE,4000-4007.

JAMALI N,and SAMMUT C,2011a. Majority voting:material classification by tactile sensing using surface texture [J]. IEEE Transactions on Robotics A Publication of the IEEE Robotics & Automation Society.

JIA X S, ADELSON E H,2013. Lump detection with a GelSight Sensor[C]// World Haptics Conference, April 14 – 17, Daejeon, Korea. IEEE: 175 – 179.

JIANG Y, MOSESON S, SAXENA A,2011. Effcient grasping from rgbdimages: Learning using a new rectangle representation[C]// IEEE International Conference on Robotics and Automation, May 9 – 13, Shanghai, China. IEEE: 3304 – 3311.

JIN M, GU H, FAN S, et al,2012a. Object shape recognition approach for sparse point clouds from tactile exploration[C]// IEEE International Conference on Robotics and Biomimetics, December 12 – 14, Shenzhen, China. IEEE: 558 – 562.

KAMIYAMA K, KAJIMOTO H, INAMI M, et al,2003. Development of a vision – based tactile sensor[J]. IEEJ Transactions on Sensors and Micromachines,123(1):16 – 22.

KAMIYAMA K, VLACK K, MIZOTA T, et al,2005. Vision – based sensor for real – time measuring of surface traction fields[J]. IEEE Computer Graphics and Applications,25(1):68 – 75.

KAPPASSOV Z, CORRALES J A, PERDEREAU V,2015a. Tactile sensing in dexterous robot hands[J]. Robotics and Autonomous Systems,74: 195 – 220.

KAWAMURA T, INAGUMA N, NEJIGANE K, et al,2013. Measurement of slip, force and deformation using hybrid tactile sensor system for robot hand gripping an object[J]. International Journal of Advanced Robotic Systems ,10(1): 257 – 271.

KONG T, YAO A, CHEN Y, et al,2016. Hypernet: towardsaccurate region proposal generation and joint object detection[OL]. arXivpreprintarXiv: 1604. 00600.

KROEMER O, LAMPERT C H, PETERS J,2011a. Learning dynamic tactile sensing with robust vision – based training[J]. IEEE transactions on robotics,27(3): 545 – 557.

KYO S, OHNISHI K,2014a. Toward object recognition and manipulation by human motion data with vision and tactile sensation[C]// 40th IEEE Annual Conference of the IEEE Industrial Electronics Society, October 29 – November 1, Dallas, TX, USA. IEEE: 4074 – 4080.

LAI K, BO L, REN X, et al,2011a. A large – scale hierarchical multi – view RGB – D object dataset[C]// IEEE International Conference on Robotics and Automation, May 9 – 13, Shanghai, China. IEEE: 1817 – 1824.

LENZ I, LEE H, SAXENA A,2015. Deep learning for detecting robotic grasps[J]. The International Journal of Robotics Research,34(4 – 5).

Li Q, Kroemer O, Su Z, et al,2020. A review of tactile information: perception and action through touch, In IEEE Transactions on Robotics, vol. 36, no. 6, pp. 1619 – 1634, Dec. doi: 10. 1109/TRO. 2020. 3003230.

LI R, ADELSON E H,2013. Sensing and rcognizing surface textures using a gelSight sensor[C]// IEEE Conference on Computer Vision and Pattern Recognition, June 23 – 28, Portland, OR, USA. IEEE: 1241 – 1247.

LIAROKAPIS M V, CALLI B, SPIERS A J, et al,2015a. Unplanned, model – free, single grasp object classification with underactuated hands and force sensors[C]// IEEE/RSJ International Conference on Intelligent Robots and Systems, September 28 – October 2, Hamburg, Germany. IEEE: 5073 – 5080.

LIU H, SONG X, NANAYAKKARA T, et al,2012a. A computationally fast algorithm for local contact shape and pose classification using a tactile array sensor[C]// IEEE International Conference on Robotics and Automation, May 14 – 18, St. Paul, Minnesota, USA. IEEE:1410 – 1415.

LIU Y, BAO R, TAO J, et al,2020a. Recent progress in tactile sensors and their applications in intelligent systems [J]. Science Bulletin,65(1):70 – 88.

LUO S, MOU W, ALTHOEFER K, et al, 2015a. Novel tactile – sift descriptor for object shape recognition[J]. IEEE Sensors Journal,15(9): 5001 – 5009.

LUO S, MOU W, ALTHOEFER K, et al, 2015b. Localizing the object contact through matching tactile features with visual map[C]// IEEE International Conference Robotics and Automation, May 26 – 30, 2015, Seattle, WA, USA. IEEE: 3903 – 3908.

LUO S, YUAN W, ADELSON E, et al, 2018a. ViTac: feature sharing between vision and tactile sensing for cloth texture recognition[C]// IEEE International Conference on Robotics Automation, May 21 – 25, Brisbane, Australia: 2722 – 2727.

LUO S, YUAN W, et al, 2018. Vitac: Feature sharing between vision and tactile sensing for cloth texture recognition[C]//IEEE International Conference on Robotics and Automation, May 21 – 25, Brisbane, Australia. IEEE: 2711 – 2727.

MADRY M, BO L, KRAGIC D, et al, 2014a. ST – HMP: Unsupervised spatio – temporal feature learning for tactile data[C]// IEEE International Conference on Robotics and Automation, May 31 – June 7, Hong Kong, China. IEEE: 2262 – 2269.

MALDONADO A, ALVAREZ H, et al, 2012a. Improving robot manipulation through fingertip perception[C]// IEEE/RSJ International Conference on Intelligent Robots and Systems, October 7 – 12, Vilamoura, Algarve, Portugal. IEEE:2947 – 2954.

NATALE L, METTA G, SANDINI G, 2004a. Learning haptic representation of objects[C]// International Conference of Intelligent Manipulation and Grasping, July 1 – 2, Genova, Italy. IMG: 1 – 6.

NGIAM J, CHEN Z, CHIA D, et al, 2012a. Tiled convolutional neural networks[J]. Advances in neural information processing systems, december 6 – 9, Vancouver, British Columbia, Canada. NIPS: 1279 – 1287.

NORMAN J, NORMAN H, CLAYTON A, et al, 2004a. The visual and haptic perception of natural object shape [J]. Percept Psychophys,66(2):342 – 351.

PASTOR F, GANDARIAS J M, GARCíA – CEREZO A J, et al, 2019a. Using 3D convolutional neural networks for tactile object recognition with robotic palpation[J]. Sensors,19(24):5356.

PAULINO T, RIBEIRO P, NETO M, et al, 2017. Low – cost 3. axis soft tactile sensors for the human – friendly robot Vizzy[C]/ IEEE International Conference on Robotics and Automation, May 29 – June 3, Singapore, Singapore. IEEE: 966 – 971.

PEZZEMENTI Z, PLAKU E, REYDA C, et al, 2011a. Tactile – object recognition from appearance information [J]. IEEE Transactions on Robotics,27(3): 473 – 487.

PRATS M, SANZ P J, DELPOBIL A P, 2009a. Vision – tactile – force integration and robot physical interaction [C]// IEEE International Conference Robotics and Automation, May 12 – 17, Kobe, Japan. IEEE: 3975 – 3980.

REDMON J, ANGELOVA A, 2015. Real – time grasp detection using convolutional neural networks[J]. IEEE International Conference on Robotics and Automation, May 26 – 30, Seattle, WA, USA. IEEE:1316 – 1322.

REN S, HE K, GIRSHICK R, et al, 2015. Faster R – CNN: towards real – time object detection with region proposal networks[J]. IEEE Transactions on Pattern Analysis & Machine Intelligence,39(6):1137 – 1149.

ROMANO J M, KUCHENBECKER K J, 2014a. Methods for robotic tool – mediated haptic surface recognition [C]// IEEE Haptics Symposium, February 23 – 26, Houston, TX, USA. IEEE:49 – 56.

RUSSELL R A, WIJAYA J A, 2003a. Object location and recognition using whisker sensors[C]// Australasian Conference on Robotics and Automation, May, Brisbane, Australia. ACRA: 1 – 9.

SATO K,KAMIYAMA K,KAWAKAMI N,et al,2010. Finger – shaped gelForce: sensor for measuring surface traction fields for robotic hand[J]. IEEE Transactions on Haptics,3(1):37 – 47.

SAXE A,KOH P W,CHEN Z,et al,2011a. On random weights and unsupervised feature learning[C]//Proceedings of the 28th International Conference on Machine Learning, June 28 – July 2, Bellevue, Washington, USA. ICML:1089 – 1096.

SAXENA A,DRIEMEYER J,NG A Y,2008. Robotic grasping of novel objects using vision. The International Journal of Robotics Research,27(2):157 – 173.

SCHMITZ A,BANSHO Y,NODA K,et al,2014a. Tactile object recognition using deep learning and dropout [C]//14th IEEE – RAS International Conference on Humanoid Robots, November 18 – 20, Madrid, Spain. IEEE:1044 – 1050.

SCHNEIDER A,STURM J,STACHNIS C,et al ,2009a. Object identification with tactile sensors using bag – of – features[C]//IEEE/RSJ International Conference on Intelligent Robots and Systems, October 11 – 15, St. Louis,MO,USA. IEEE:243 – 248.

SINAPOV J,SUKHOY V,SAHAI R,et al,2011a. Vibrotactile recognition and categorization of surfaces by a humanoid robot[J]. IEEE Transactions on Robotics,27(3):488 – 497.

SOH H,DEMIRIS Y,2014a. Incrementally learning objects by touch: online discriminative and generative models for tactile – based recognition[J]. IEEE transactions on haptics,7(4):512 – 525.

SON J S,HOWE R D,et al,1996a. Preliminary results on grasping with vision and touch[C]// Proceedings of IEEE/RSJ International Conference on Intelligent Robots and Systems, November 4 – 8, Osaka, Japan. IEEE: 1068 – 1075.

SONG A,HAN Y,HU H,AND LI J,2014a. A novel texture sensor for fabric texture measurement and classification[J]. IEEE Transactions on Instrumentation & Measurement,63(7):1739 – 1747.

STRESE M,LEE J Y,SCHUWERK C,et al,2014a. A haptic texture database for tool mediated texture recognition and classification [C]// IEEE International Symposium on Haptic, Audio and Visual Environments and Games,, October 10 – 11, Richardson, TX, USA. IEEE: 118 – 123.

TESHIGAWARA S,TADAKUMA K,MING A,et al,2009. Development of high – sensitivity slip sensor using special characteristics of pressure conductive rubber[C]// IEEE International Conference on Robotics and Automation, May 12 – 17, Kobe, Japan. IEEE:3289 – 3294.

TREMBLAY M R,CUTKOSKY M R,1993. Estimating friction using incipient slip sensing during a manipulation task[C]// Proceedings of the 1993 IEEE International Conference on Robotics and Automation, May, Atlanta, Georgia, USA. IEEE:429 – 434.

WANG D,ZHANG Y,ZHOU W,et al,2011a. Collocation accuracy of visuo – haptic system: metrics and calibration[J]. IEEE Trans Haptics,4(4):321 – 326.

WANG T,GENG Z,KANG B,et al,2019. Eagle shoal: A new designed modular tactile sensing dexterous hand for domestic service robots[C]// International Conference on Robotics and Automation, May 20 – 24, Montreal, QC, Canada. IEEE:9087 – 9093.

WILSON A,WANG S,ROMERO B,ADELSON E,2020a. Design of a fully actuated robotic hand with multiple gelsight tactile sensors[OL]. arXiv preprint arXiv:2002. 02474.

WOODS A T,NEWELL F N,2004a. Visual,haptic and cross – modal recognition of objects and scenes[J]. Journal of Physiology – Paris,98(1 – 3):147 – 159.

WU P, LUO Q, KONG L, 2017. Cooperative localization of network robot system based on improved MPF[C]// IEEE International Conference on Information and Automation, August 1 – 3, Ningbo, China. IEEE: 796 – 800.

XIAO W, SUN F, LIU H, et al, 2014a. Dexterous robotic – hand grasp learning using piecewise linear dynamic systems model [M]. Foundations and Practical Applications of Cognitive Systems and Information Processing. Berlin, Heidelberg: Springer: 845 – 855.

XU D, LOEB G E, FISHEL J A, 2013a. Tactile identification of objects using Bayesian exploration[C]// IEEE International Conference on Robotics and Automation, , May 6 – 10, Karlsruhe, Germany. IEEE: 3056 – 3061.

YANG C, DU P, SUN F, et al, 2018. Predict robot grasp outcomes based on multi – modal information[C]//IEEE International Conference on Robotics and Biomimetics, December 12 – 15, Kuala Lumpur, Malaysia. IEEE: 1563 – 1568.

YANG J, LIU H, SUN F, et al, 2015a. Object recognition using tactile and image information[C]// IEEE International Conference on Robotics and Biomimetics, , December 6 – 9, Zhuhai, China. IEEE: 1746 – 1751.

YUAN W, LI R, SRINIVASAN M A, et al, 2015a. Measurement of shear and slip with a GelSight tactile sensor [C]// IEEE International Conference on Robotics and Automation, May 26 – 30, Seattle, WA, USA. IEEE: 304 – 311.

YUAN WENZHEN, et al, 2017b. Shape – independent hardness estimation using deep learning and a GelSight tactile sensor[C]// IEEE International Conference on Robotics and Automation, May 29 – June 3, Singapore, Singapore. IEEE: 951 – 958.

YUAN WENZHEN, et al, 2017a. Improved gelsight tactile sensor for measuring geometry and slip[C]// IEEE/RSJ International Conference on Intelligent Robots and Systems, September 24 – 28, Vancouver, BC, Canada. IEEE: 137 – 144.

YUAN WENZHEN, MANDAYAM A, ADELSON, et al, 2016. Estimating object hardness with a gelsight touch sensor[C]// IEEE/RSJ International Conference on Intelligent Robots and Systems, October 9 – 14, Daejeon, South Korea. IEEE: 208 – 215.

ZHOU Y, HU D, 2012a. Research of virtual cutting based on hap tic feedback[J]. Applied Mechanics and Materials, 214: 944 – 948.

内 容 简 介

触觉感知是机器人操作的重要环节。本书是作者研究组 10 多年来从事机器人触觉感知研究工作的总结和提炼，系统地介绍了触觉感知的基本原理、识别方法、关键技术与应用，主要包括电容式阵列触觉传感器、触觉目标识别、视－触觉融合目标识别、滑觉检测、机器人视－触觉融合抓取操作、基于视触觉模态的抓取稳定预测以及基于视－触原理的多模态传感器设计及应用。

本书内容注重系统性、基础性与前沿性，可供自动化、计算机与电子技术等领域的研究生与高年级本科生参考，也可作为从事机器人与自动化领域相关研究人员的参考读物。

Tactile perception is an important part of robot manipulation. This book is a summary and distillation of more than 10 years of research work on robotic tactile perception by the author's research group. It systematically introduces the basic principles, recognition methods, key technologies and applications of tactile perception, mainly including capacitive array tactile sensors, tactile recognition, visual – tactile fusion recognition, sliding detection, visual – tactile fusion for robotic grasping and stability prediction, as well as the multi – modal sensor design and applications with the vision – based tactile principles.

This book focus on systematic, basic and cutting – edge, and can be used as a reference for graduate students and senior undergraduates in the fields of automation, computer and electronics, and also as a reference for researchers engaged in the fields of robotics and automation.

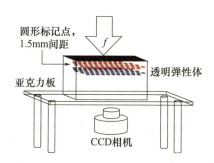

图 1.1 首款基于视觉的触觉传感装置

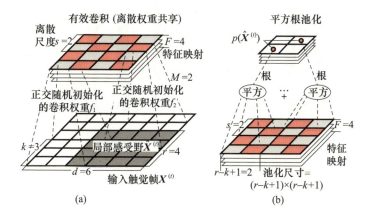

图 4.1 RTCN 网络示例：采用有效卷积与平方根池化操作，从而将平面维度是 $d \times d$ 的输入帧转化为 $(d-r+1) \times (d-r+1)$ 大小的特征映射

(a) 卷积操作是由一系列参数定义的，它们包括离散尺度 s、特征映射数目 F、输入帧尺寸 $d \times d$ 以及卷积核尺寸 $k \times k$；(b) 尺寸为 $(r-k+1) \times (r-k+1)$ 的平方根池化操作子相当于在原始输入帧上定义一个局部感受野 $r \times r$。

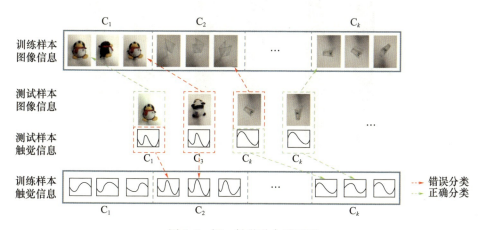

图 5.3 视-触觉融合原理图

彩1

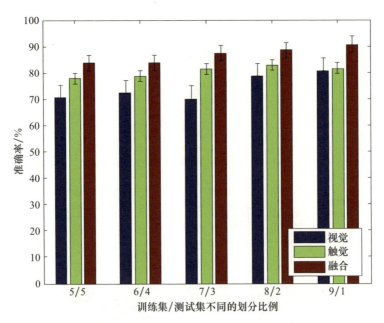

图 5.11　3 种不同模态准确率对比图

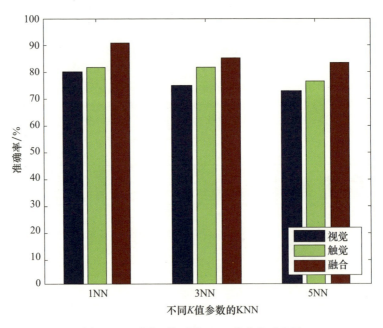

图 5.12　不同 K 值下的 KNN 准确率对比图

彩2

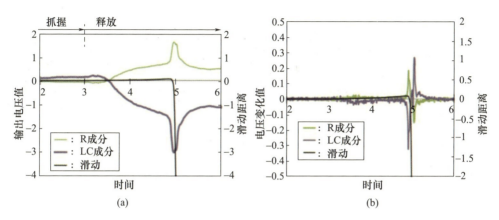

图 6.2 基于单传感器双输出的阈值滑动检测方法
(a)两种电压信号输出;(b)滑动信号检测。

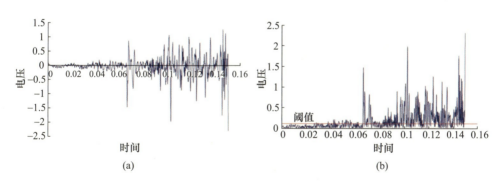

图 6.3 单传感器单输出的阈值滑动检测方法
(a)校正前输出电压信号;(b)校正后输出电压信号。

彩3

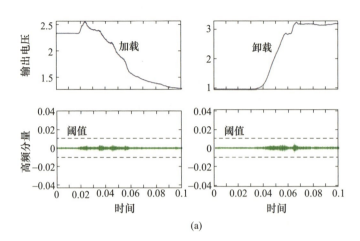

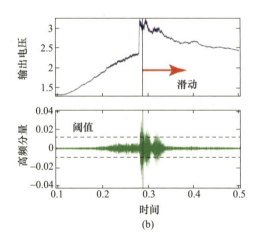

图 6.4 单传感器单输出的阈值滑动检测方法
(a)校正前输出电压信号;(b)校正后输出电压信号。

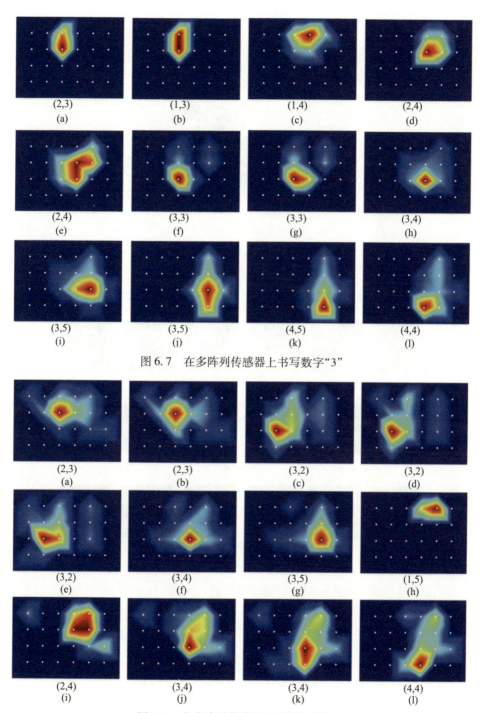

图 6.7 在多阵列传感器上书写数字"3"

图 6.8 在多阵列传感器上书写数字"4"

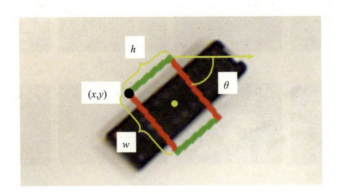

图 7.1 抓取矩形框

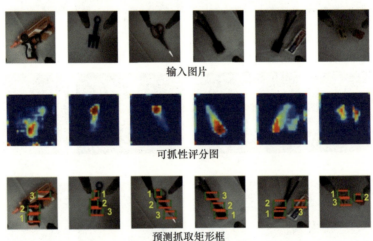

图 7.16 不考虑旋转的抓取检测模型在 CMU 抓取数据集上的抓取检测结果（第一行为模型的输入图像，第二行和第三行为模型的输出结果，分别为参考矩形框的可抓性评分图和预测的抓取矩形框。其中抓取矩形框按照 1、2、3 的顺序可抓性得分依次降低）

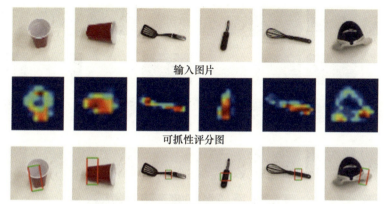

图 7.18 考虑旋转的抓取检测模型在 Cornell 抓取数据集上的抓取检测结果
（其中，第一行为模型的输入图像，第二行和第三行为模型的输出结果，
分别为参考矩形框的可抓性评分图和预测的抓取矩形框）

1℃—黑色　　14.6℃—紫色　　27.4℃—蓝色　　51.9℃—白色

图 9.10 感温变色附着层感温效果图

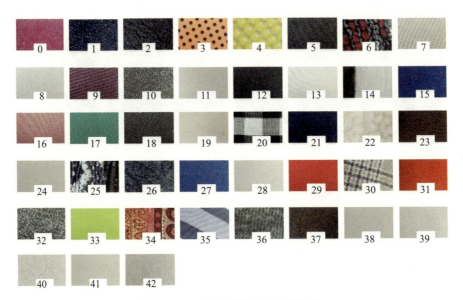

图 9.18 43 种布料的相机拍摄图像

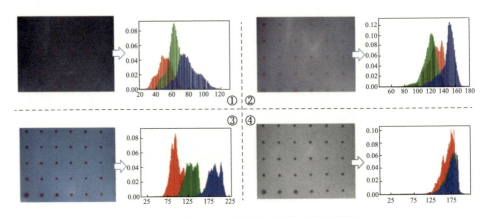

图 9.28 基于直方图的温感图像表征示意图

彩8